科学预测

预见科学之美

霍朝光 著

清华大学出版社

北京

内 容 简 介

本书主要从理论体系和方法实践两方面展开。

在理论体系篇，在介绍科学预测的内涵、发展与面对的困境后，着重从科学影响力预测、科学行为预测、学科主题预测三方面构建科学预测内容理论体系，主要构建论文影响力、学者影响力、期刊影响力、专利影响力、机构影响力、选题行为、合作行为、引用行为、学科主题发展状态、学科主题链路关系十个预测维度，系统介绍科学预测这一领域的理论体系、方法思路、模型算法、数据特征等，集图机器学习、大模型、深度学习于一体，为科学预测提供了一套相对系统的理论和方法体系框架。

在方法实践篇，基于同构图神经网络、异构图神经网络、文本表示学习、深度学习、机器学习、大数据分析等技术，分别构建学科主题热度预测模型、跨学科主题链路预测模型、学者跨学科合作测度指标与预测模型、跨学科引文预测模型、学者跨学科选题行为预测模型等，分别以国内外信息资源管理学科数据、"清北人"三所高校学者数据、PubMed 生命与医学全量数据、数字人文领域数据等为例，从不同维度进行实证，为科学预测提供一系列方法指导和具体的应用示范。

本书可作为高等学校计算机科学、信息科学、信息资源管理等专业的指导书或教学参考书，也可作为科技情报、图机器学习、图神经网络、复杂网络、大模型等工作者的参考书。

图书在版编目（CIP）数据

科学预测：预见科学之美 / 霍朝光著 . -- 北京：清华大学出版社，2025. 6.
ISBN 978-7-302-69411-3
Ⅰ. N49
中国国家版本馆 CIP 数据核字第 2025BS9522 号

责任编辑：郭　赛
封面设计：何凤霞
责任校对：刘惠林
责任印制：沈　露
出版发行：清华大学出版社
    网　　址：https://www.tup.com.cn，https://www.wqxuetang.com
    地　　址：北京清华大学学研大厦 A 座　　　　　　邮　　编：100084
    社总机：010-83470000　　　　　　　　　　　　邮　　购：010-62786544
    投稿与读者服务：010-62776969，c-service@tup.tsinghua.edu.cn
    质量反馈：010-62772015，zhiliang@tup.tsinghua.edu.cn
    课件下载：https://www.tup.com.cn,010-83470236
印　装　者：小森印刷（北京）有限公司
经　　销：全国新华书店
开　　本：170mm×240mm　　　　印　张：13.25　　　　字　数：251 千字
版　　次：2025 年 6 月第 1 版　　　　　　　　　　　　印　次：2025 年 6 月第 1 次印刷
定　　价：68.00 元

产品编号：112433-01

　　凡事预则立，不预则废。如何从海量科学文献数据中识别出科学的演化模式以及科研行为的演化规律，并通过建模量化表征其蕴含的规律，预测科学生态的未来发展趋势及创新路径，为学者开展新的或跨学科研究提供指导，已经成为现代科学攻关和全球科研竞技的重要命题。在科学复杂系统理论和万物皆可"图"思想的指导下，人类的科学研究是有规律可循的，是可以预测的，本书旨在塑造科学预测这一新的研究领域的知识体系，主要包含理论体系和方法实践两部分。

　　在理论体系篇，本书介绍科学预测的研究背景与意义、内涵、面对的困境与机遇，着重从科学影响力预测、科学行为预测、学科主题预测三方面构建科学预测内容的理论体系，主要构建论文影响力、学者影响力、期刊影响力、专利影响力、机构影响力、选题行为、合作行为、引用行为、学科主题发展状态、学科主题链路关系十个预测维度，系统介绍科学预测这一领域的理论体系、方法思路、模型算法、数据特征等，集图机器学习、大模型、深度学习于一体，为科学预测提供了一套相对系统的理论和方法体系框架。

　　在方法实践篇，基于同构图神经网络、异构图神经网络、文本表示学习、深度学习、机器学习、大数据分析等技术，分别构建学科主题热度预测模型、跨学科主题链路预测模型、学者跨学科合作测度指标与预测模型、跨学科引文预测模型、学者跨学科选题行为预测模型等，分别以国内外信息资源管理学科 16 万余篇科学文献数据、"清北人"三所高校 23 万余位学者数据、PubMed 生命与医学数据库 3356 万余条跨学科引文关系数据、数字人文学科交叉领域数据等为例，从不同维度进行实证，为科学预测提供一系列方法指导和具体的应用示范。

　　首先，作者要感谢恩师武汉大学马费成教授、中国人民大学冯惠玲教授对本人在此研究领域的持续指导和大力支持，感谢中国人民大学卢小宾教授、中国人民大学索传军教授、武汉大学陆伟教授对本书题目和版块内容的指导。其次，感谢近年来与本人在科学预测领域并肩开拓的韩粤吉、李文静、但婷婷、罗飞、高兆盛等同学为本书做出的贡献。最后，感谢国家自然科学基金委员会、中国人民大学信息资源管理学院学术委员会对我们的研究工作的大力支持。感谢本书的每一位读者，正是你们的阅读实现了本书的价值，如果本书的任何一部分能够给你们带来一点点启发，我们都会由衷感到高兴。

霍朝光
2025 年 5 月于中国人民大学

目　录　CONTENTS

理论体系篇

方法实践篇

第 5 章　基于 LSTM 神经网络的学科主题热度预测……………68

理论
体系篇

第 1 章

科学预测的内涵和发展

1.1　科学预测的研究背景与意义

随着全球科技竞争的加剧，尤其是在新时期的大国竞争中，科技情报的需求显得尤为迫切。在此背景下，科研数据的积累和利用成为科技创新和国家竞争力提升的关键。自20世纪50年代以来，科研产出的激增和新兴学科的不断涌现使得科技情报的获取与分析变得愈加复杂与迫切。如何从海量科研数据中识别科学演化模式、科研行为的演化路径，并预测未来的科技发展趋势，已成为当代科研中的重要任务。本章将围绕"大国科技竞争"与"科技情报需求的迫切性"进行详细阐述，论证如何通过科技情报的有效利用引领科研创新，推动科技发展，并为政策制定者和学者提供科学指导。

1. 大国科技竞争的背景

自20世纪中叶以来，科技已成为国家竞争力的核心组成部分。尤其是信息时代的到来，科学技术的发展不仅推动了产业的进步，也极大地改变了社会的各个层面。随着科技创新成为国家战略的重要支撑，大国之间的科技竞争愈加激烈。这种竞争不仅体现在高科技领域的军事、经济、能源等硬实力方面，也在科研资源、科研效率、科技创新能力等软实力上展开。大国科技竞争的特点之一是对科技情报的高度依赖。科技情报作为国家竞争力的重要基础，指的是有关科学技术领域的所有信息、数据和知识，它包括科技趋势、科研成果、创新路径、学科交叉等内容。对于科技竞争日益激烈的国家而言，如何准确地获取、分析和预测科技发展趋势，已成为保持领先优势的关键。

2. 科技情报的迫切需要

在大国科技竞争的语境下，科技情报不仅是对现有科研成果的总结与提炼，它还承担着对未来科技趋势的预测和引导。首先，科学研究的演化过程具有一定的规律性，科研活动和科研行为的模式也会随着时间的推移展现出一定的轨迹。在这一过程中，如何通过科技情报的分析挖掘出科学发现的趋势、技术发展的路径，成为科研和创新管理的核心任务之一。目前，随着全球科研的逐步国际化，科研成果的输出不仅来自单个国家，更多的是跨国合作和多学科交织。如何在全球范围内把握科技创新的脉搏、准确掌握国际前沿的科技动态，成为各大科技强国的重大命题。而这一任务的实现离不开先进的科技情报分析手段，包括大数据分析、人工智能模型、科研数据挖掘等技术的支持。

3. 科学研究范式变革的要求

在现代科学的演化过程中，科研活动呈现出由简到繁、由线到面的特点。科学发现的演化往往不是孤立发生的，而是由多种因素共同作用，形成复杂的创新路径，这使得如何识别科学发现的演化模式成为当前科学研究的重要命题之一。科技情报的核心价值在于对科研演化模式的预测与指导。通过对历史科研数据的分析，尤其是对各个学科及其交叉学科的科研成果进行深入挖掘，可以发现科学发展中的关键节点和技术突破。如图 1-1 所示 [1]，不同于以往的研究时不时在无意识中有新的科学发现，例如，亚历山大·弗莱明由于一次幸运的过失而发现了青霉素；伦琴在他从事阴极射线的研究时意外发现了 X 射线，现代研究完全是提前预估并合作努力实现的，某种程度上是通过科学预见的，例如，关于 DNA 结构，发现它的方法是模型建构法，是沃森和克里克仿照化学家鲍林构建蛋白质 α 螺旋模型的方法，根据结晶学的数据构建出了 DNA 双螺旋结构；又如人类基因组序列，是由跨国、跨学科的全世界科学家按照计划设想，把人体内约 2.5 万个基因的密码全部解开，同时绘制出的人类基因图谱，这是一种数据驱动的科学预见。通过对全球科研产出的分析，科技情报专家可以提前识别出某些技术的突破性进展，预测某些学科的快速发展趋势，甚至预见新的科研热潮。这对于大国科技竞争而言，无疑是一项具有重要战略意义的工作。

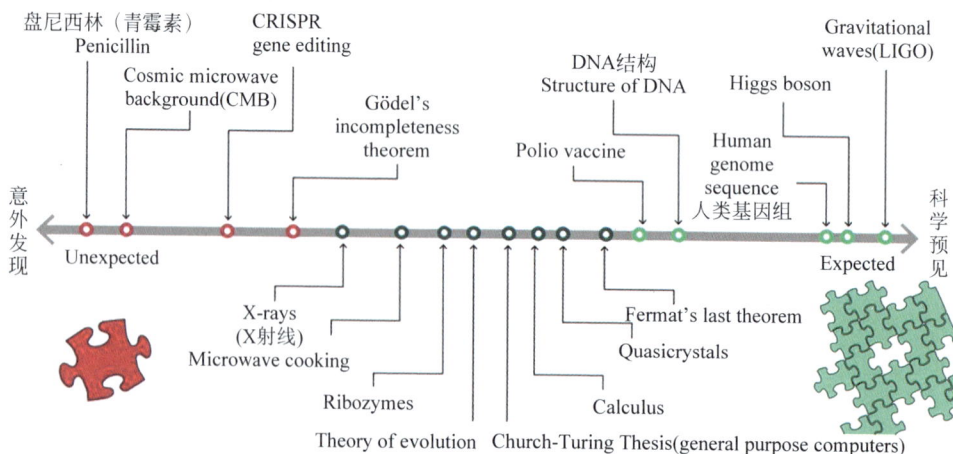

图 1-1 现代科学研究范式由意外发现转向科学预见

[1] Clauset A, Larremore D B, Sinatra R. Data-driven predictions in the science of science[J]. Science, 2017, 355(6324): 477-480.

4. 唤醒"睡美人论文"以及避免美人论文沉睡的需要

Alessandro Flammini 等学者在《美国科学院院刊》（*PNAS*）通过对 2500 万篇论文进行跨越 100 年的系统分析，发现"睡美人论文"几乎存在于物理、化学、生物、统计等任何一个学科，例如，爱因斯坦与波多尔斯基和罗森在 1935 年合写的一篇论文在实验家能够检验其主张而理论家能够讨论实验的启示之前沉睡了半个世纪。Philip Wallace 在 1947 年计算单层石墨（石墨烯）的能带结构的论文在沉睡了 56 年后于 2003 年被唤醒，这一年海姆（Andrei Geim）和诺沃肖洛夫（Konstantin Novoselov）发现了如何在实验室制造这种石墨层，并于 2010 年因此发现而获得了诺贝尔物理学奖。图 1-2 所示 [1] 为全球最有代表性的 15 篇"睡美人论文"，其中 Freundlich 于 1906 年发表了一篇关于溶液吸附的文章 100 多年来无人关注和引用，但是如今无论是环境修复还是工业环境中的去污，都极大地依赖此吸附技术。Turkevich 等于 1951 年发表的关于胶体金合成中成核和生长过程的研究解释了如何将金纳米颗粒悬浮在液体中，现在被医学唤醒，指导医学用金纳米颗粒来检测肿瘤和输送药物。并且，随着科学文献可得性和可及性的增加，"睡美人论文"将会变得越来越多。因此，无论是唤醒以往的"睡美人论文"，还是避免新的重要研究成果沉睡，科学预测都是很好的工具和方式。

5. 科学复杂系统和图论为科学预测提供了理论基础和模型框架

在科学复杂系统理论和万物皆可"图"思想的指导下，人类的科学研究是有规律可循的，是可以预测的。科学复杂系统理论强调系统中各个元素之间的相互作用和整体行为的复杂性。在自然界和社会系统中，各种现象往往呈现出非线性的互动关系，然而通过深入分析这些关系，科学家能够发现潜在的规律。例如，气象、生态和生物系统中的许多现象看似混乱，但随着理论的进步和数据的积累，人们可以逐步揭示其中的统计规律和趋势，这种规律性使得科学研究具有一定的可预测性。其次，图思想（或称为图论）提供了一种系统化的方式来表示和分析复杂系统中的元素及其相互关系。根据科学复杂系统论 [2]，如图 1-3 所示，科学是一个复杂的、自组织的、不断演化的动态网络，在这个网络中，想法（Idea）、学者（Scholar）、论文（Paper）等构成节点，连线表示它们之间的复杂关系，由此可见，科学复杂网络是有规律可循的，是可以预测的。在这种思想下，任何复杂问题都可以抽象成节点和线的图形结构，从而通过图论算法揭示系统的内部规

[1] Ke Q, Ferrara E, Radicchi F, et al. Defining and identifying sleeping beauties in science. Proceedings of the National Academy of Sciences, 2015, 112(24):7426-7431.

[2] Fortunato S, Bergstrom C T, Borner K, et al. Science of science[J]. Science, 2018, 359(6379).

全球Top 15"睡美人论文"

- 物理学
- 化学
- 统计学
- 冶金学

被唤醒后的引用数 → ·
每年引用数
300 citations

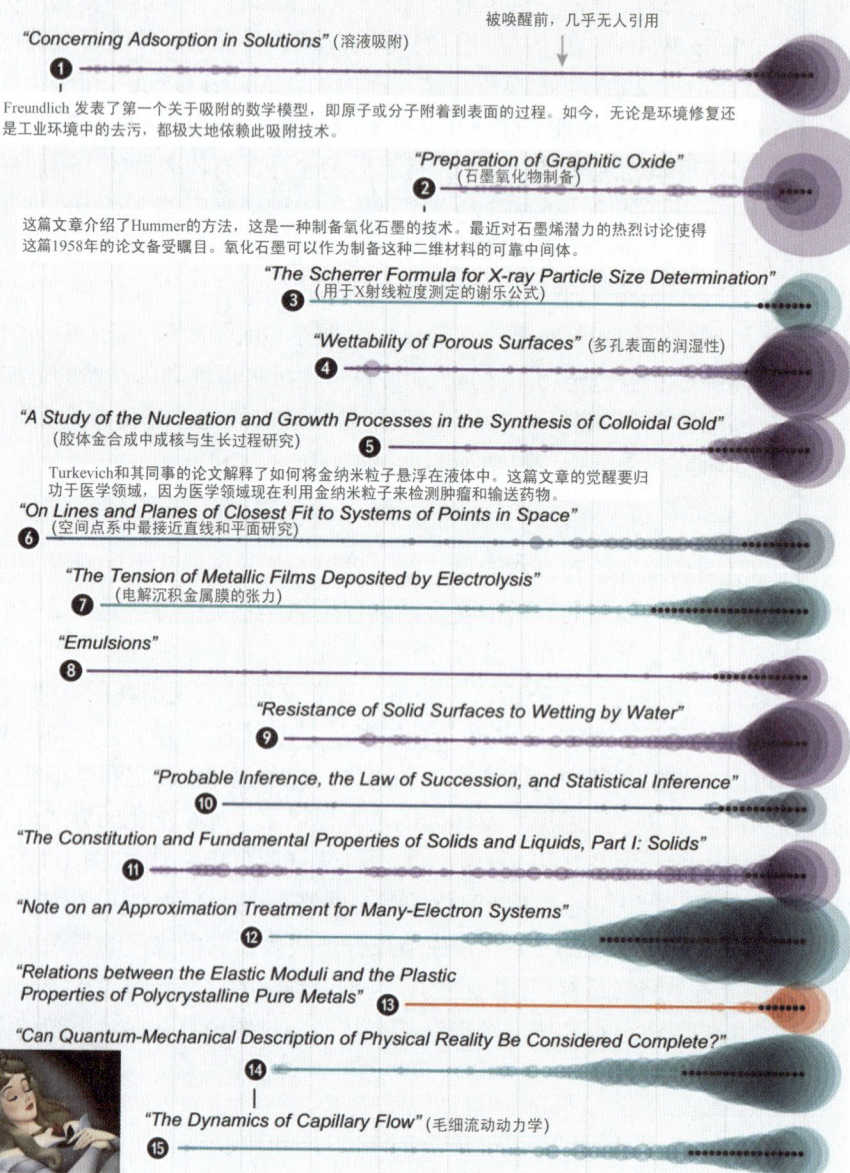

| 1900 | 1910 | 1920 | 1930 | 1940 | 1950 | 1960 | 1970 | 1980 | 1990 | 2000 | 2010 |

被唤醒前，几乎无人引用

"Concerning Adsorption in Solutions" (溶液吸附)

①

Freundlich 发表了第一个关于吸附的数学模型，即原子或分子附着到表面的过程。如今，无论是环境修复还是工业环境中的去污，都极大地依赖此吸附技术。

"Preparation of Graphitic Oxide"
(石墨氧化物制备)
②

这篇文章介绍了Hummer的方法，这是一种制备氧化石墨的技术。最近对石墨烯潜力的热烈讨论使得这篇1958年的论文备受瞩目。氧化石墨可以作为制备这种二维材料的可靠中间体。

"The Scherrer Formula for X-ray Particle Size Determination"
(用于X射线粒度测定的谢乐公式)
③

"Wettability of Porous Surfaces" (多孔表面的润湿性)
④

"A Study of the Nucleation and Growth Processes in the Synthesis of Colloidal Gold"
(胶体金合成中成核与生长过程研究)
⑤

Turkevich和其同事的论文解释了如何将金纳米粒子悬浮在液体中。这篇文章的觉醒要归功于医学领域，因为医学领域现在利用金纳米粒子来检测肿瘤和输送药物。

"On Lines and Planes of Closest Fit to Systems of Points in Space"
(空间点系中最接近直线和平面研究)
⑥

"The Tension of Metallic Films Deposited by Electrolysis"
(电解沉积金属膜的张力)
⑦

"Emulsions"
⑧

"Resistance of Solid Surfaces to Wetting by Water"
⑨

"Probable Inference, the Law of Succession, and Statistical Inference"
⑩

"The Constitution and Fundamental Properties of Solids and Liquids, Part I: Solids"
⑪

"Note on an Approximation Treatment for Many-Electron Systems"
⑫

"Relations between the Elastic Moduli and the Plastic Properties of Polycrystalline Pure Metals"
⑬

"Can Quantum-Mechanical Description of Physical Reality Be Considered Complete?"
⑭

"The Dynamics of Capillary Flow" (毛细流动动力学)
⑮

图 1-2 全球 Top15"睡美人论文"

律。例如，社交网络中的信息传播、基因网络中的相互作用、科学论文中的引文关系、学者的合作关系等，都可以用图的结构进行建模，从中发现规律并进行预测。因此，科学研究中的许多现象都可以通过图论建模，找到相互之间的联系，从而实现对未来发展的预测。

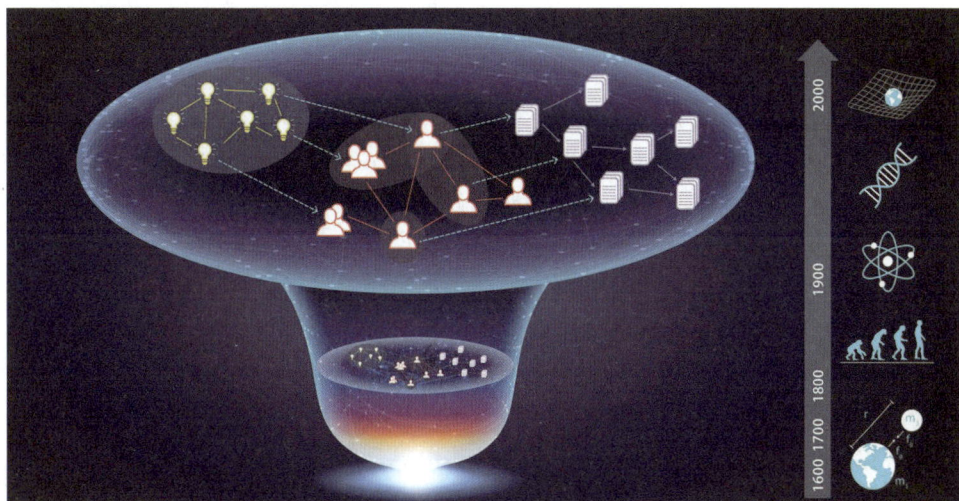

图 1-3 科学复杂系统

6. 跨学科研究与创新的需要

现代科学的创新往往不是某一学科内的孤立发现，而是多学科交叉、融合后的创新结果。尤其是在新兴学科崛起的背景下，学科之间的交融成为推动科研进步的主要动力。因此，科技情报不仅需要追踪传统学科的发展，还要关注学科交叉的趋势。跨学科的研究路径往往能够带来意想不到的技术突破与理论创新。通过对科研数据的全面分析，科技情报可以帮助科研人员发现各学科之间潜在的交叉点，进而推动新的跨学科合作。在这一过程中，科技情报不仅能够为研究人员提供创新路径的参考，还能为科研资金的配置、项目的优先级排序等方面提供重要的决策支持。

总而言之，大国科技竞争的日益激烈要求各国不断提升科技情报的获取和分析能力。随着科研数据量的爆炸性增长，科技情报的作用愈加凸显，它不仅能够帮助科研人员识别出科学的演化模式、学科之间的交叉点，还能够预测未来的科技趋势，为政策制定者提供战略性建议。科技情报的有效利用，不仅是科技创新的推动力，也是国家在全球科技竞争中保持领先地位的关键。随着科技情报分析技术的不断发展，未来的科研将更加高效、精准，以确保在全球科技竞争中占据主动权。

1.2   科学预测的内涵

本书提出的科学预测（Science Prediction）旨在对科学生态系统中的实体和关系进行预测，既包括对论文、学者、主题、期刊、科研机构、科研项目等单个实体的未来发展态势以及变化趋势进行预测，也包括对由部分实体组成的群体甚至整个系统进行预测，强调以复杂网络以及超网络等图的形式表征科学复杂系统，秉承万物必有关联、牵一发而动全身的精神，由点到面、从局部到系统，从整个科学复杂系统中学习群体演化的规律，再由整体到个体，透析个体如何生存于整体并与整体互相影响协同进化发展，从而把握科学系统的宏观演化规律，以及个体的微观动态，以历史预见未来，以数据驱动的方式预见科学的未来发展。

预测科学（Prediction Science）是一门以系统化、数据驱动的方式对未来事件、趋势或现象进行预测的跨学科研究领域[1]，其核心目标是通过整合数据、模型和算法，结合领域知识，提升预测的准确性、可靠性和实用性。预测科学不仅关注预测结果本身，还注重预测过程的科学性、可解释性及其在实际应用中的价值，它是统计学、计算机科学、机器学习、数据挖掘、人工智能以及各领域专业知识的高度融合。预测科学的应用领域较为广泛，例如，在金融领域，用于股票价格预测、风险评估和投资决策；在气象学中，用于天气预报和气候模拟；在医疗领域，用于疾病预测和个性化治疗；在社会科学中，用于人口趋势分析和社会行为预测等。由此可见，预测科学旨在研究预测的方法论，侧重方法层面的创新和应用，而本书的科学预测则强调对科学生态系统中的科学实体和关系等进行预测，不仅仅强调要掌握和应用预测科学相关方法和理论，关键是聚焦科学复杂系统的情境和问题，综合复杂网络和图论等，凝练出一种面向科技情报任务的新的预测范式。

科学预测强调对科学复杂系统中的实体和关系进行预测，其实体主要包括论文、学者、期刊、主题、知识单元等，从宏观可见的实体到微观凝练出的实体，既包括科学研究活动中的主体，也包括科研研究的客体，强调主体与客体身份的转换与交互影响。因此，从实体层面来看，科学预测主要包括学科主题热度预测[2]、

[1] Tetlock P E, Gardner D. Superforecasting: The art and science of prediction[M]. Random House, 2016.

[2] 霍朝光，霍帆帆，董克. 基于 LSTM 神经网络的学科主题热度预测模型 [J]. 图书情报知识，2021（2）：25-34.

学科主题流行度预测[1]、论文影响力预测、学者影响力预测、期刊影响力预测、项目影响力预测、专利影响力预测等[2]，凡是可以从科学复杂系统中凝练出的实体都可以作为被预测的对象。其关系主要包括引证关系（引用关系）、合作关系、选题关系、扩散关系、语义关系等[3]，既包括宏观实体之间的粗粒度关系，也包括微观实体之间的细粒度关系，既包括较易量化相对可见的明面关系，也包括微弱较难理解的隐喻关系。因此，从关系层面来看，科学预测主要包括引用关系预测、合作关系预测、选题关系预测、学科主题融合关系预测、知识流动关系预测以及学科交叉融合关系等[4][5]，凡是可以从科学复杂系统中凝练出的关系都可以作为被预测的对象。本书在理论体系篇着重围绕实体的科学影响力预测、科学行为关系预测、学科主题演化预测等方面展开介绍；在方法实践篇，着重围绕学科主题热度预测、学科主题交叉关系预测、跨学科合作关系预测、跨学科引文关系预测、学者与学科主题之间的选题关系预测等展开。

1.3 科学预测之困与机遇

　　科学预测之困。预测作为人类认知世界的重要手段，其难度与复杂性在各个学科领域都得到了充分体现。无论是自然科学还是社会科学，精准预测都面临着巨大的挑战，如我们熟知的气象预测、经济预测和流行病预测等。①气象预测是典型的复杂系统预测问题，尽管现代气象学已经建立了完善的数值天气预报模型，但预测精度仍然有限，据美国气象局数据显示，以 7 天天气预报为例，其准确率约为 80%，而 15 天以上的长期预报准确率则大幅下降至 50% 以下[6]。这种预测困

[1] 霍朝光，董克，司湘云. 国内外 LIS 学科主题热度演化分析与预测 [J]. 图书情报知识，2021（2）：35-47.

[2] 霍朝光，董克，魏瑞斌. 学术影响力预测研究进展述评 [J]. 情报学报，2021，40（7）：768-779.

[3] 霍朝光，张斌，董克. 复杂网络视域下的学术行为预测研究述评：选题、合作与引用 [J]. 情报理论与实践，2021，44（6）：180-188.

[4] 霍朝光，韩粤吉. 中国学科目录视域下的学者跨学科合作交叉测度与分析——以中国人民大学为例 [J]. 情报资料工作，2024，45（2）：38-47.

[5] Huo, C, Li, W, Han, Y. Recommendation for Scholar Interdisciplinary Collaboration[C]. In Knowledge Organization for Resilience in Times of Crisis: Challenges and Opportunities, 371-378.

[6] https://www.weather.gov/about/forecast.

难源于大气系统的混沌特性，即初始条件的微小偏差会导致预测结果的巨大差异（Lorenz，1963）。例如，2024年超强台风山陀儿，当时我国中央气象台预计其将继续北上登陆福建，日本气象厅则认为其将缓慢北移，欧洲模型倾向于其靠近浙江，而美国模型则给出了向西南方向移动的可能性，各国预测结果偏差"五十步笑百步"。②经济系统的预测同样面临巨大挑战，例如，2008年全球金融危机爆发前，仅有少数经济学家预见到了危机的来临。国际货币基金组织（IMF）的研究显示，其经济增长预测的平均误差在1.5%左右，在危机时期误差更大。这种预测困难源于经济系统中众多变量的复杂交互作用，包括政策变化、市场心理、技术创新等难以量化的因素。例如，美联储对2020年GDP的预测在疫情暴发前后出现了从2%增长到–6.5%衰退的巨大修正。③新冠疫情的预测实践更是充分展示了公共卫生领域的预测难度。帝国理工学院2020年3月发布的预测模型估计英国可能会有50万人死亡，而实际死亡人数约为15万人。这种偏差源于多重不确定性：病毒传播特性、防控措施效果、人群行为变化等。哈佛大学的研究表明，即使在数据相对完整的情况下，流行病预测的误差范围也可达到±40%[1]。

虽然有学者说气象这种混沌系统是不可预测的，但是我们依然没有放缓预测攻坚的节奏，如果我们的预测结果不够精准，只能说明我们还没有研究清楚这种混沌系统的规律。虽然突发的重大自然灾害和人类重大行为都会左右经济预测的结果，但是在经济预测这件事上全球从未停止攻坚克难的步伐。换言之，预测本身就是一种概率评估，只不过有的任务发生的概率高，有的概率相对较低，有的任务预测的时间跨度较大，如年度预测、季度预测、月份预测等，有的任务预测的时间跨度很小，例如，台风预测几乎以分钟为单位，天气预报也多以小时或分钟为单位。对于任何预测，只要其时间跨度加大，预测愈是久远，其预测结果准确率都会下降，但是在还未发生前预测出的结果都是具有参考价值的。例如，预测10天后的天气不一定准确，但是预测明天的天气肯定相对准确，预测的明天的结果可以作为重要参考依据，而预测的10天后的天气也可以借鉴。从以往的预测经验来看，科学预测作为一个新的领域，其理论基础还相对薄弱，其内容维度相对还不够完善，其预测准确率相对较低，围绕不同的科学预测任务，如何设计将非结构化的数据同部分结构化数据贯通，如何基于大数据、大模型、人工智能等计算机、统计学、数学技术和理论，构建相对应的科学预测模式任重而道远。

科学大数据和知识为数据驱动的科学预测范式提供机遇，引领学者预见科学之美。科学预测正在经历一场静默的革命，在这场革命中，科学文献大数据不

[1] Lipsitch M, Swerdlow DL, Finelli L. Defining the Epidemiology of Covid-19—Studies Needed[J]. N Engl J Med, 2020, 382(13): 1194-1196.

再是静态的知识载体，而是转换为驱动科学发现的动力源泉。从海量文献中挖掘知识，通过数据驱动预测科学趋势，这种新型研究范式正在重塑科学探索的路径。截至 2025 年 3 月，Web of Science 核心合集收录的论文数量超过 8379 万篇，PubMed 生物医学文献数据库收录文献超过 3800 万篇。这些数据不仅记录了科学发展的轨迹，更蕴含着预测未来的密码。例如，IBM 开发的 AI 系统已能从海量文献中自动提取化学反应规律，预测新材料性能，其准确率达到 85% 以上。这种能力远超传统人工阅读分析。DeepMind 开发的 AI 系统仅用几天时间就预测出 220 万种晶体结构，远超过去一个世纪的发现总量。通过分析数百万篇生物医学文献，AI 系统能够预测蛋白质结构、药物靶点，甚至疾病传播趋势。AlphaFold 系统预测的蛋白质结构准确度达到实验室水平，极大地加速了新药研发进程。科学预测正在重塑研究范式。传统的"假设—实验—验证"线性模式逐渐被"数据—预测—验证"的循环模式取代。这种转变不仅提高了研究效率，更开辟了新的认知维度。预测不是终点，而是新探索的起点。每一次准确的预测都揭示着自然规律的精妙，每一次预测的偏差都暗示着未知领域的奥秘。通过数据驱动的预测，我们得以窥见科学发展的轨迹和科学之美（图 1-4），感受科学探索的魅力，这种预见之美，将引领科学走向新的高度。

图 1-4　科学之美

第 2 章

科学影响力预测

　　数据驱动科学研究范式下，科学影响力预测研究受到越来越多的关注。作为科学预测研究的重要组成部分，科学影响力预测研究旨在对论文、学者、期刊、机构等学术实体未来的科学影响力进行预测，从而指导科学研究和科研管理。本章系统地梳理了论文、学者、机构、期刊、项目、专利等不同学术实体影响力预测研究的进展；在概括各类预测研究以及相关特征的基础上，总结了科学影响力预测研究的指标体系、方法体系和特征体系；随着数据生产要素化、数据开放与数据共享的进一步推动，有望形成新的综合性影响力指标，随着新的特征提取技术和时间序列预测模型的发展，有望促成新的科学影响力预测模式，全面提升科学影响力预测的准确性。

2.1　科学影响力预测内涵

　　科学影响力（Scientific Impact）是衡量科研成果与科研工作者学术贡献和学术影响的重要指标，强调从影响力的角度评估科研产出的学术价值与科研主体的研究贡献以及学术地位等[1][2]。例如论文影响力、期刊影响力、学者影响力、机构影响力、项目影响力、专利影响力以及软件影响力等[3]。科学影响力预测（Prediction of Scientific Impact）是在相关科学影响力指标基础上，解析和利用科学发展的规律，预测相关学术实体的未来影响力。根据预测对象的不同主要分为论文影响力预测（Paper Impact Prediction）、期刊影响力预测（Journal Impact Prediction）、学者影响力预测（Scholar Impact Prediction）、机构影响力预测（Institution Impact Prediction）、项目影响力预测（Project Impact Prediction）、专利影响力预测（Patent Impact Prediction）等。科学影响力预测旨在追踪科学研究前沿，为优化科研资源配置提供支撑，为科研管理赋能。

　　科学影响力预测是数据驱动科学预测（Science Prediction）的重要组成部分。20 世纪以前，针对科学的预测主要依赖专家决策，限于数据限制侧重定性预测，但是如今科学作为一个不断演化的生态系统，承载着上千万的学者，覆盖上百种

[1] 郭凤娇，赵蓉英，孙劢敏. 基于科学交流过程的学术论文影响力评价研究：以中国社会科学国际学术论文为例 [J]. 情报学报，2020，39（4）：357-366.

[2] 赵蓉英，郭凤娇，谭洁. 基于 Altmetrics 的学术论文影响力评价研究：以汉语言文学学科为例 [J]. 中国图书馆学报，2016，42（1）：96-108.

[3] Zhang F, Bai X, Lee I. Author Impact: Evaluations, Predictions, and Challenges[J]. IEEE Access, 2019, 7: 38657-38669.

学科，每年都有海量的科研成果产出，面对海量科研数据，定性专家预测成本巨大，并且传统的领域专家决策在及时性和有效性方面势必也大打折扣[1]。现代科学影响力预测强调数据驱动的量化预测研究，强调如何协同多维海量数据提升预测水平[2]。本章将从研究对象角度总结论文影响力预测、学者影响力预测、机构影响力预测、期刊影响力预测、项目影响力预测、专利影响力预测方面的研究进展，进一步从预测指标、预测方法、预测特征三个维度依次进行归纳，以期揭示科学影响力预测研究范式的内在特征，主要研究框架如图 2-1 所示。

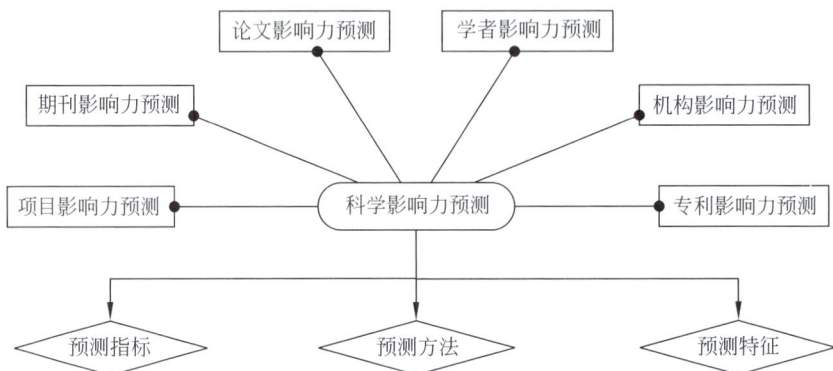

图 2-1　科学影响力预测研究框架

2.2　论文影响力预测

论文影响力预测旨在预测论文未来可能产生的影响，提前从海量的学术论文中准确识别出具有参考价值的高质量论文，从而实现揭示最新的研究动态、掌握最新的研究方法、促进科研创新的目标[3][4]。论文影响力的产生存在时滞特征，相

[1]　Fortunato S, Bergstrom C T, Borner K, et al. Science of science[J]. Science, 2018, 359(6379).

[2]　Montans F J, Chinesta F, Gomezbombarelli R, et al. Data-driven modeling and learning in science and engineering[J]. Comptes Rendus Mecanique, 2019, 347(11): 845-855.

[3]　Hou J, Pan H, Guo T, et al. Prediction methods and applications in the science of science: A survey[J]. Computer Science Review, 2019, 34: 100197.

[4]　王海燕，潘云涛，马峥，等 . 基于科学研究问题成熟度的未来高影响力科技论文预测研究[J]. 情报学报，2016，35（1）：36-47.

关研究表明，"睡美人"（Sleeping Beauty）论文在各个领域都是存在的[1]，论文影响力预测则可以提前预测"睡美人"论文的存在。目前，论文影响力预测主要借助引证指标和替代计量指标开展。

2.2.1　基于引证指标的论文影响力预测

基于引证指标的论文影响力预测强调将论文影响力预测转化为引文预测（Citation Prediction），综合各方面的特征构建模型，预测引证的数量。例如，Bai 等从论文内在质量、论文影响力衰退状况、论文早期被引数量、早期引用者的学术影响四方面构建了论文潜力指数（Paper Potential Index，PPI）模型，对论文的被引量进行预测[2]。但是，科学论文的引文分布形式参差不齐，并且还会受到各种各样因素的影响，单纯从引文历史序列数据很难解析引文的变化规律，因此，研究人员一般会综合其他特征预测论文引文的变化。例如，Xu 和 Li 等分别在多维文献计量特征和大规模文献计量特征基础上，设计卷积神经网络和深度学习模型对引文量进行回归和预测[3][4]。Yuan 等则针对出版物的内在质量（Intrinsic Quality）、老化效应（Aging Effect）、马太效应（Matthew Effect）、近因效应（Recency Effect）等因素，借助时间递归神经网络（RNN）构建了出版物长期引证数量预测模型[5]。Abrishami 和 Aliakbary 借助人工神经网络（Artificial Neural Network）构建了论文的长期被引量预测模型，将 RNN 与自编码器（Auto Encoder）结合进一步提升了预测的准确率[6]。基于引证指标的论文影响力预测虽然预测目标十分明确，但是预测难度却不可小觑，不同模型对不同学科论文的泛化能力也有待进一步验证。

[1]　Ke Q, Ferrara E, Radicchi F, et al. Defining and identifying sleeping beauties in science[J]. Proceedings of the National Academy of Sciences, 2015, 112(24): 7426-7431.

[2]　Bai X, Zhang F, Lee I. Predicting the citations of scholarly paper[J]. Journal of Informetrics, 2019, 13(1):407-418.

[3]　Xu J, Li M, Jiang J, et al. Early Prediction of Scientific Impact Based on Multi-Bibliographic Features and Convolutional Neural Network[J]. IEEE Access, 2019(7): 92248-92258.

[4]　Li M, Xu J, Ge B, et al. A Deep Learning Methodology for Citation Count Prediction with Large-scale Biblio-Features[C]. 2019 IEEE International Conference on Systems, Man and Cybernetics (SMC). 2019: 1172-1176.

[5]　Yuan S, Tang J, Zhang Y, et al. Modeling and Predicting Citation Count via Recurrent Neural Network with Long Short-Term Memory[J]. arXiv: Digital Libraries, 2018.

[6]　Abrishami A, Aliakbary S. Predicting citation counts based on deep neural network learning techniques[J]. Journal of Informetrics, 2019, 13(2): 485-499.

2.2.2　基于替代计量指标的论文影响力预测

替代计量（Altmetrics，Alternative Metrics）强调追踪科学文献在网络社交媒体、学术型或通用性网站平台和学术型社交媒体平台等的传播和热议状态，反映科学成果的影响[1]，与引证指标相比时效性更高。例如，Eysenbach 等以 *Journal of Medical Internet Research* 期刊上的论文为例，证实众多论文在 Tweets 中的不同状态有助于对 3 天后高被引论文的预测[2]。Hassan 等人以论文在 Twitter 中的正负情感来预测研究成果的早期影响力，发现情感与被引量呈显著正相关，人们在社交媒体中关于研究成果讨论的情感极性和情感值有助于综合预测论文的影响力[3]。也有研究证实替代计量指标与被引数量的弱相关性，质疑基于代计量指标进行影响力预测的效力[4][5]。不过李纲等学者则反向验证了论文、作者、期刊等特征对于学术论文的社交媒体可见性预测的重要性[6]。由此可见，替代计量指标和引证指标对论文影响力预测均具有一定的作用。

2.2.3　论文影响力预测的相关特征

论文影响力相关特征是论文影响力变化的自变量，是对论文影响力的外在表征，主要涉及学术论文、论文作者、载文期刊以及其他属性特征。其中，论文特征主要包括论文主题的成熟度、论文题目长度、论文长度、论文参考文献数等[7]；作者特征主要包括作者影响因子（Author Impact Factor）、署名作者

[1] Priem J, Groth P, Taraborelli D. The altmetrics collection[J]. PloS one, 2012, 7(11): e48753.

[2] Eysenbach G. Can tweets predict citations? Metrics of social impact based on Twitter and correlation with traditional metrics of scientific impact[J]. Journal of Medical Internet Research, 2011, 13(4): e123.

[3] Hassan S, Aljohani N R, Idrees N, et al. Predicting literature's early impact with sentiment analysis in Twitter[J]. Knowledge Based Systems, 2020.

[4] Thelwall M, Haustein S, Larivière V, et al. Do altmetrics work? Twitter and ten other social web services[J]. PloS one, 2013, 8(5).

[5] Shema H, Bar-Ilan J, Thelwall M. Do blog citations correlate with a higher number of future citations? Research blogs as a potential source for alternative metrics[J]. Journal of the Association for Information Science and Technology, 2014, 65(5): 1018-1027.

[6] 李纲，管为栋，马亚雪，等 . 学术论文的社交媒体可见性预测研究 [J]. 数据分析与知识发现，2020，4（8）：63-74.

[7] Yu T, Yu G, Li P Y, et al. Citation impact prediction for scientific papers using stepwise regression analysis[J]. Scientometrics, 2014, 101(2): 1233-1252.

数量（the Number of Authors）、作者所在机构的国家（Country）、作者权威性（Authority）等[1]；期刊特征主要包括期刊的总被引数、期刊影响因子（Journal Impact Factor）、期刊的主题分布等[2]；其他属性特征主要有机构的学术排名、机构的声誉以及论文是否以特刊形式发表等。详细情况如表 2-1 所示。

表 2-1　论文影响力预测相关特征

特征类型	属　性			
	引 文 属 性	网 络 属 性	本 质 属 性	其他属性
论文特征	参考文献数量；被引数量；参考文献影响力；被引历史；首次被引年份；首次被引年份的倒数	Paper Rank	题目长度；出版年份；摘要长度；新 颖 性；多 样 性；Topic Rank	论文的主题分布
学者特征	作者影响因子（AIF）；H-index；Q-value；g-index；作者的被引声誉	作 者 中 心 性（度 中 心 性，中 介 中 心 性，接 近 中 心 性，特征中心性）；Author Rank；S-index	作者数量；第一作者的性别；作者权威性；作者的学术产出；作者的学术年龄；团队规模；作者的社交能力；作者的权威性；作者机构所在国家；作者所在机构的声望；作者影响力；作者专业知识渊博性	作者研究主题的多样性和分布
期刊特征	期刊影响因子；被引半周期；期刊被引总数；期刊五年影响因子	Journal Rank；期刊中心性；特征因子	期刊中心性；期刊声誉；期刊语言；期刊页数；期刊历史影响力	期刊的主题分布
其他特征	引文的平均字数；文件类型；审稿专家的级别；是否在专刊上发表；SCImago 四分位数；在 Twitter 中的情感			

2.3　学者影响力预测

　　学者影响力预测也称为学者学术表现预测（Author Performance Prediction），强调对学者的学术发展和学术成就进行预测[3]。传统研究中主要是学者影响力评

---

[1]　Haslam N, Ban L, Kaufmann L, et al. What makes an article influential? Predicting impact in social and personality psychology[J]. Scientometrics, 2008, 76(1): 169-185.

[2]　Bornmann L, Schier H, Marx W, et al. What factors determine citation counts of publications in chemistry besides their quality?[J]. Journal of Informetrics, 2012, 6(1): 11-18.

[3]　夏琬钧，任鹏，陈晓红 . 学者影响力预测研究综述 [J]. 情报理论与实践，2020，43（7）：165-170.

估方面的研究，预测研究相对较少，比较有代表性的预测研究工作主要围绕学者影响因子（Author Impact Factor，AIF）[1]、H-index[2]、Q-value[3] 以及引文数量等量化指标开展，相关指标和预测模式如图 2-2 所示，该预测模式旨在量化学术数据，结合学者发表的论文、研究的方向、所在团队以及学术年龄等特征构建 AIF、H-index、Q-value 等指标，从而进行评估和预测。

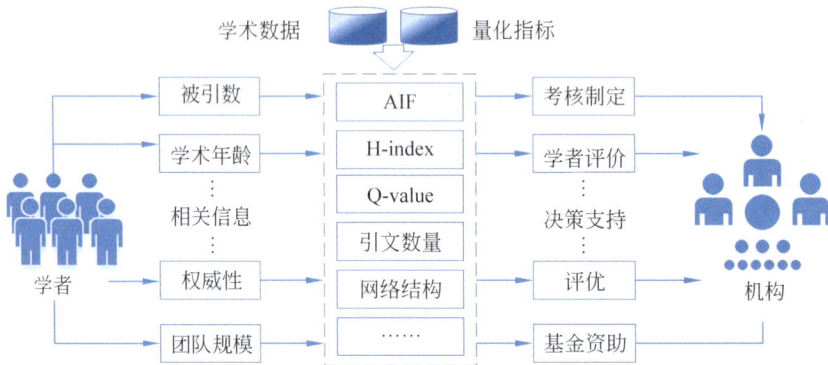

图 2-2　基于量化指标的学者影响力评价与预测框架

2.3.1　基于学者影响因子的学者影响力预测

学者影响因子借鉴期刊影响因子发展而来，用来评估和预测学者未来的影响力。Bornmann 和 Williams 以 272 921 位学者发表的 6 495 715 篇论文数据为例，验证了期刊影响因子在评估和预测学者方面的有效性，同时也反映出不能单独用期刊影响因子作为评价标准，需要综合考虑学者研究的新颖性和重要性、学术声誉以及先前所在机构的声誉[4]。学者影响因子指标基于引证的思想，在研究中往往通过限定 3~5 年的时间窗口进行预测，但是研究表明学者发表的最具影响力的

[1] Pan R K, Fortunato S. Author Impact Factor: tracking the dynamics of individual scientific impact[J]. Scientific reports, 2014(4): 4880.

[2] Hirsch J E. An index to quantify an individual's scientific research output[J]. Proceedings of the National Academy of Sciences, 2005, 102(46): 16569-16572.

[3] Sinatra R, Wang D, Deville P, et al. Quantifying the evolution of individual scientific impact[J]. Science, 2016, 354(6312): aaf5239.

[4] Bornmann L, Williams R. Can the journal impact factor be used as a criterion for the selection of junior researchers? A large-scale empirical study based on ResearcherID data[J]. Journal of Informetrics, 2017, 11(3): 788-799.

学术成果在其学术生涯中是随机分布的，面对随机分布的限定时间窗口的学者影响因子，预测存在一定的局限。

2.3.2 基于 H-index、Q-value 等指数的学者影响力预测

H-index 侧重从学术质量视角对学者的影响力进行量化，最早由 Hirsch 等提出，是学者影响力预测的一项重要指标[1]。基于 H-index 指标，Acuna 通过机器学习方法在 3293 个学者数据集上验证了预测的效度[2]，Ayaz 等则以计算机领域210 万篇论文的作者为例，通过回归的方法检验不同特征组合下的预测准确率[3]。Mistele 等在 H-index 指标的基础上进一步整合引文数量（Citation Count）形成新指标，通过神经网络方法预测学者未来的表现[4]。但是 H-index 也同样存在时间窗口的问题，鉴于此，Sinatra 等提出了 Q-value 量化随机模型，解析学者科研产量、个人能力以及运气对学者影响力的作用，为每个学者定义唯一的 Q-value 以衡量学者在学术生涯中随机发表的成果，从而预测学者影响力的演化[5]。

2.3.3 基于引文数量的学者影响力预测

基于引文数量的学者影响力预测多凭借引文数目单一指标反映学者的影响力，例如，Nezhadbiglari 等以总被引量来衡量学者的流行度（Popularity），以计算机领域的 50 万名学者为例，通过计算学者以及其他学术特征与流行趋势聚类中心（Cluster Centroids）的距离训练分类模型，预测学者的流行度[6]。Panagopoulos 等则在引文数量的基础上进一步提出学者 KPI（Key Performance

[1] Hirsch J E. Does the h index have predictive power?[J]. Proceedings of the National Academy of Sciences, 2007, 104(49): 19193-19198.

[2] Acuna D E, Allesina S, Kording K P. Predicting scientific success[J]. Nature, 2012, 489(7415): 201-202.

[3] Ayaz S, Masood N, Islam M A, et al. Predicting scientific impact based on h-index[J]. Scientometrics, 2018, 114(3): 993-1010.

[4] Mistele T, Price T, Hossenfelder S. Predicting authors' citation counts and h-indices with a neural network[J]. Scientometrics, 2019, 120(1): 87-104.

[5] Sinatra R, Wang D, Deville P, et al. Quantifying the evolution of individual scientific impact[J]. Science, 2016, 354(6312): aaf5239.

[6] Nezhadbiglari M, Gonçalves M A, Almeida J M. Early prediction of scholar popularity[C]. Proceedings of the 16th ACM/IEEE-CS on Joint Conference on Digital Libraries. 2016: 181-190.

Indicator）指标、综合社交性（Sociability）、中心性（Centrality）、加权合作影响（Weighted Collaboration Impact）等合作方面的特征和幂率图方面的特征（Power Graph Feature），通过构建无监督学习聚类模型预测学术新星（Rising Stars）[1]。

2.3.4　基于网络结构的学者影响力预测

基于网络结构的学者影响力预测强调从学者所在的异构学术网络角度衡量其在网络中的地位和重要性，并用来预测学者的影响力以及探测学术新星[2]。例如，Zhang 等借助结构洞和信息熵理论阐述学者在学术网络中位置的重要性，利用 AIRank（Author Impact Rank）方法挖掘具有多学科特性且影响力较大的学者[3]。Zhang 和 Ning 等综合考虑作者的被引数、作者之间的相互影响以及不同学术实体之间相互强化对学者的影响，提出了 ScholarRank 的方法以评价学术新人的影响力[4]。Zhang 和 Xu 等根据学者变化状态的不同将其划分为不同的类型，提出 PePSI（Personalized Prediction of Scholars' Impact）学者影响力预测模型，对不同类型学者分别应用改进的随机游走算法进行预测，充分利用了学术网络的动态变化对学者影响力的作用[5]。

学者影响力预测的相关特征如表 2-2 所示。学者影响力预测主要涉及学者特征、学者发表的论文特征、刊载成果的期刊特征以及社会特征四类。在学者特征方面，主要涉及学者在某一主题方面的权威性、学者的生产能力、学者的社交能力、学者当前 H-index 等，强调学者自身的属性和能力；在论文特征方面，主要涉及学者论文的发文时间、署名以及共同署名的论文数、论文的衰退情况等，强调由论文状态的变化所引发的学者状态变化；在期刊特征方面，主要涉及学者在权威期刊上的发文数、成果所在的期刊数、期刊水平等，强调学者在权威期刊上的发文能力和被认可程度；此外，通过学者在合作网络中的中心性、位置等合作特征

[1] Panagopoulos G, Tsatsaronis G, Varlamis I. Detecting rising stars in dynamic collaborative networks[J]. Journal of Informetrics, 2017, 11(1): 198-222.

[2] Zhang F, Bai X, Lee I. Author Impact: Evaluations, Predictions, and Challenges[J]. IEEE Access, 2019, 7: 38657-38669.

[3] Zhang J, Hu Y, Ning Z, et al. AIRank: Author Impact Ranking through Positions in Collaboration Networks[J]. Complexity, 2018: 1-16.

[4] Zhang J, Ning Z, Bai X, et al. Who are the rising stars in academia?[C]//2016 IEEE/ACM Joint Conference on Digital Libraries (JCDL). IEEE, 2016: 211-212.

[5] Zhang J, Xu B, Liu J, et al. PePSI: Personalized prediction of scholars' impact in heterogeneous temporal academic networks[J]. IEEE Access, 2018(6): 55661-55672.

（Collaborative Feature）以及幂率图特征（Power Graph Feature）等分析学者在学术圈内的声望和地位的社会特征也受到许多关注[1]。

表 2-2　学者影响力预测的相关特征

特征类型	相关特征
学者特征	学者在某一主题方面的权威性；学者的生产能力；学者的社交能力；学者当前 H-index；学者的个体信息；学者所属社群的影响力；施引学者在合作网络中的地位；学术简历；年龄；受教育水平
期刊特征	学者在权威期刊上的发文数；刊载学者成果的期刊的数量；刊载学者成果的期刊的水平
论文特征	学者第一次发表论文的时间；学者论文的发文时间；署名以及共同署名的论文数、论文的衰退因子；论文被引量
社会特征	学者在合作网络中的中心性；学者在合作网络中的位置；学者的社交结构；学者分别在加权和无加权合作网络中的 PageRank；合作者的被引量；合作次数；合作者数量

2.4　其他科学影响力预测

2.4.1　机构影响力预测

机构影响力预测（Institution Impact Prediction）强调对机构的学术表现进行预测。机构影响力预测常常以机构的论文为指标，将机构影响力预测转化为对论文数目的预测。Sandulescu 和 Chiru 以 Microsoft Academic Graph 数据为例，分别验证了概率预测模型、线性回归预测模型、梯度增强决策树（Gradient Boosted Decision Trees）等不同模型以及综合模型对机构论文数目预测的效度。研究发现，机构的影响力具有很强的延续性，机构先前的影响力在很大程度上决定了机构未来的影响力[2]，由此可见，机构的影响力更加持久、稳定和综合，一旦得以树立，影响就会很长远，打造学术团队、树立机构权威意义深远。Xie 将研究机构影响力预测的任务转换为时间序列回归问题，通过对机构下一年被录用论文数目的预测来预估机构未来的影响力，验证了机构论文排名特征（Paper-Rank Features）、

[1]　Daud A, Ahmad M F, Malik M S, et al. Using machine learning techniques for rising star prediction in co-author network[J]. Scientometrics, 2015, 102(2): 1687-1711.

[2]　Sandulescu V, Chiru M. Predicting the future relevance of research institutions—The winning solution of the KDD Cup 2016[J]. arXiv preprint arXiv:1609.02728, 2016.

项目委员会会员特征（Program Committee Membership Features）等对机构影响力的作用，研究发现，简单的线性模型比复杂的预测模型更稳健[1]。Bai 等以机构署名的录用论文数为指标，利用相关特征提取方法验证机构的地理位置（Geographic Location of Institution）、当地 GDP 等特征与机构影响力的关系，构建了新型机构影响力预测模型，发现不同出版物在录用论文时对机构重要性的考量机制不同，机构特征的重要性仍然是相对有限的。受机构影响力有效指标的限制和机构影响力预测多元复杂的困扰，目前关于机构影响力预测的研究相对处于初步发展阶段。

2.4.2　期刊影响力预测

期刊影响力预测（Journal Impact Prediction）侧重于对期刊影响因子、影响指数等预测。Wu 等以期刊影响因子（Journal Impact Factor）为目标，利用论文的被引频次预测期刊的影响力，并以 Science、Nature 以及 LIS 领域期刊数据为例验证了该模型的有效性，在确保准确率的前提下将预测结果提前官方数据 4 个月发布。[2] 李秀霞与邵作运从作者特征维度，构建了反映期刊内部特征信息的作者特征空间向量，利用曲线回归的方法对期刊影响力进行预测，实验证明，该期刊影响力预测模型与 4 年后对应期刊的影响因子具有较好的吻合度，从作者层面可以提取有效的特征辅助对期刊影响力的预测[3]。张耀辉等借鉴学术界划分状态的方法，构建马尔可夫模型预测期刊的发展情况[4]，动态定量地表达了学术期刊未来的学术稳定性，为期刊提供了一种有效的预测分析方法，但是其对于期刊状态的划分标准和通用性还有待进一步加强，依托转移概率矩阵的预测方法在更大的数据集上效果可能更好。丁筠借助学术期刊影响力指数（Journal Clout Index）构建 BP 神经网络预测模型，以综合性人文、社会科学类的 632 本期刊为训练集，预测了 19 种图情领域核心期刊的 CI 值[5]。期刊作为学术成果的一种载体，对期刊影响力的预测更多的是回归到论文层面，通过论文影响力预测实现对期刊影响

[1]　Xie J. Predicting institution-level paper acceptance at conferences: A time-series regression approach[C]. Proc. KDD Cup Workshop. 2016: 1-6.

[2]　Wu X F, Qiang F, Ronald R. On indexing in the Web of Science and predicting journal impact factor [J]. (2008): 582-590.

[3]　李秀霞，邵作运 . 基于论文作者特征的期刊影响力预测 [J]. 中国科技期刊研究，2017，28（4）：344-349.

[4]　张耀辉，周森鑫，李超 . 多态有奖马尔可夫学术期刊动态评价模型研究 [J]. 情报理论与实践，2016，39（5）：46-52.

[5]　丁筠 . 学术期刊影响力指数 (CI) 预测模型的构建 [J]. 情报科学，2017，35（2）：27-37.

力的预测。但是，从期刊层面来讲，期刊的刊发周期、审稿周期、刊载量以及被收录情况都是影响期刊影响力的因素，因此对期刊影响力的预测不仅要把握论文这一主要因素，还应综合上述其他相关因素。

2.4.3　项目影响力预测

项目影响力预测（Project Impact Prediction）强调对项目未来的影响力进行预测，从而从众多科研项目申请书中筛选出能取到较大成果的项目，以最小的财政支出最大化科研产出。项目影响力预测是项目评估的重要内容，因为项目评估本身就是对项目的可行性和未来产出等进行预估，从而资助比较有潜力的项目。以往关于项目影响力的预测多借助专家对申请书等材料的定性分析来进行，如从项目的创新提升（Promoting Innovation）、合作培养（Fostering Collaboration）、战略地位（Positing in Strategic Areas）等方面预估项目未来的影响力[1]。朱卫东等综合科研项目的评估指标体系和选择流程，提出了一种系统性的基于证据推理规则的科学基金项目评估决策模型，用历史评估结果准确性衡量专家评价信息的可靠性，分别赋予不同的评估权重和等级，并以 1225 项国家自然科学基金管理学部项目为例，验证了该预估模型的有效性[2]。限于基金以及项目数据的可获得性，目前量化项目影响力预测研究相对较少。但是，随着国家自然科学、社会科学等基金数据的开放，未来基于客观基金产出数据的项目评估和预测将会得到迅速发展，从数据层面揭示优秀项目的特征，从基金主持者、参与者、前期研究成果、学术团队、学术机构、学术资源、国际交流、项目选题热度、项目意义等信息中提取相关特征，构建项目影响力预测模型，提升对项目影响力的预测。

2.4.4　专利影响力预测

专利影响力预测（Patent Impact Prediction）强调对专利未来的价值进行预测。鉴于很多学者都会将其提出的新方法和新技术成果申请为专利，因此在学术领域，专利也是一种重要的学术产出。专利影响力是专利价值的重要表现之一，预测专利的影响力有助于引导资本迅速将技术转化为生产力，有助于从专利角度反映学

---

[1]　Ebadi, Ashkan, et al. Application of machine learning techniques to assess the trends and alignment of the funded research output [J]. Journal of Informetrics 14.2 (2020): 101018.

[2]　朱卫东，刘芳，王东鹏，等 . 科学基金项目立项评估：综合评价信息可靠性的多指标证据推理规则研究 [J]. 中国管理科学，2016（10）：141-148.

者以及机构的学术表现。专利文献与科学文献都具有引证关系，因此相应引文预测方法同样也适用于专利预测。同时，专利也具有类似共词网络的相似网络，例如，马瑞敏和尉心渊在专利相似网络领域细分的基础上，根据同类预测准则，以 4 年内被引频次、同族专利数、专利宽度、权利要求数、科学关联度 5 个指标作为预测指标，构建支持向量机模型对核心专利进行预测[1]。Milovancevic 等以专利数量为预测指标，构建了自适应神经模糊推理系统（Adaptive Neuro Fuzzy Inference System, ANFIS），验证了科研资源（Research and Development Resources, R&D）、学术机构水平（Quality of Academic Institutions）、与私营机构合作的质量（Quality of Collaboration with the Private Sector）等对专利数量的影响[2]。目前关于专利的研究更多的是集中在评价方面，预测方面的研究相对较少。专利在未来能否取得较大的影响或产出，不仅取决于专利本身属性，更与市场、产业、社会等发展紧密相关，因此，对专利影响力的预测不仅要综合考量专利本身的特征，还应综合市场需求、产业背景、技术发展、国民教育等各方面因素，在追踪专利影响的基础上提高对专利影响力的预测精度。

2.4.5　相关特征

机构、期刊、项目、专利等影响力预测具体涉及的特征如表 2-3 所示。虽然学术实体之间是相互影响的，在预测某一种实体时互为特征，但是不同学术实体的影响力预测也有其独特之处。其中，机构影响力预测特征主要涉及被录论文的排名特征（Accepted Paper-Rank Features）、项目委员会成员特征（Program Committee Membership Features）、机构在不同刊物中的表现特征（Cross Conference Features）、机构在不同阶段的表现特征（Cross Phase Features）、机构历史得分（Historical Scores of Institution）、作者影响因子、机构先前得分的加权移动平均等特征。期刊影响力预测特征主要涉及作者数、第一作者、作者发文数、作者论文被引频次、期刊被引频次、期刊论文下载量、期刊受基金资助的论文比以及期刊的历史表现等特征。项目影响力预测主要涉及项目的被资助者、期刊影响因子、资助成果等方面的特征。专利影响力预测主要涉及专利宽度、同族专利

---

[1] 马瑞敏, 尉心渊. 技术领域细分视角下核心专利预测研究 [J]. 情报学报，2017，36（12）：1279-1289.

[2] Milovancevic M, Markovic D, Nikolic V, et al. Determination of the most influential factors for number of patents prediction by adaptive neuro-fuzzy technique[J]. Quality & Quantity, 2017, 51(3): 1207-1216.

数、科学关联度、科研资源、学术机构水平、私营机构合作质量等特征。

表 2-3　其他学术实体影响力预测相关特征

类型对象	特　征				
	学 者 特 征	期刊特征	论文特征	机构特征	其他特征
机构影响力预测	项目委员会成员；学者影响因子	机构在不同刊物中的表现	被录论文的排名；机构在不同阶段的表现	机构前期声誉；机构历史得分	统 计 特征；机构发展趋势
期刊影响力预测	作者数量；第一作者	期刊历史影响力；期刊影响因子	作 者 论 文 数量；被引量；施引文献	—	期刊受资助情况
项目影响力预测	受基金资助作者	期刊影响因子	受 基 金 资 助论文	—	—
专利影响力预测	4 年内被引数量；同族专利数；科学关联度；科研资源；学术机构水平；私营机构合作质量；教育质量	—	—	—	—

2.5　科学影响力预测体系

　　随着数据驱动科学预测模式的发展，近年来关于科学影响力的预测研究呈现出井喷式的发展状况，从 *Science*、*Nature*、*PNAS* 等国际交叉学科顶刊[1]，到 *Journal of Informetrics*、*JASIST*、*Scientometrics* 等 LIS 领域较好的期刊，均有一定的科学影响力预测研究成果发表，科学影响力研究逐渐步入数据驱动预测新阶段。总结科学影响力预测研究的核心内容主要包括科学影响力预测指标体系、科学影响力预测方法体系、科学影响力预测特征体系这三大体系。

2.5.1　科学影响力预测指标体系

　　在预测指标方面，引证指标、影响因子、发文量、被引量、学者奖励等均是

---

[1]　Borner K, Rouse W B, Trunfio P, et al. Forecasting innovations in science, technology, and education[J]. Proceedings of the National Academy of Sciences of the United States of America, 2018, 115(50): 12573-12581.

量化科学的有效指标，但这些指标也存在着一定的不足。基于引证的相关指标存在着周期长、时间滞后等不足。替代计量指标相对具有较强的时效性，其测度样本范围更广，测度也更加多样和开放[1]，在一定程度上可以规避假引用、马太效应等形成的高被引现象，是衡量科学文献等影响力的新途径和指标[2]。但是，替代计量指标也存在数据覆盖比例、数据质量、数据来源等方面的问题[3]。只有整合两类指标的优势，在确保质量和稳定性的前提下，融合同行评议与社会影响力等新维度综合开展学术评价和预测，才能揭示不同科学领域各自科研系统生态的发展规律。

此外，各类指标之间具有较强的依附关系，学者、期刊、机构等影响力根源于论文的科学影响力，论文影响力增强，学者影响力也会增加，相应机构也会获得提升，学者、期刊、机构等共同组成了一个个小的学术共同体，构建了包含知识创造者、知识传播媒介、学术资源、学术团队在内的学术生态。只有各学术实体的综合影响力才能表征学术共同体的整体水准，任何单一指标由于自身缺陷，均难以达到科学影响力评价和预测的要求。例如，Hirsch 批评了自己提出的 H-index 学者科学影响力评价指标，反思了该评价指标对学术创新的不利影响，以及由于学术评价所导致的学术资源倾斜问题，并建议综合学科领域、作者署名位置、合作者数量等各方面情况综合评价学者[4][5]。由此可见，过分倚重单一指标极易扼杀学术创新，综合衡量各学术实体的整体水平，构建成熟的学术共同体评价指标，才是评价和预测科学影响力的关键。

2.5.2　科学影响力预测方法体系

统计回归类方法和机器学习方法是科学影响力预测的两大主要方法体系。统

[1] Maggio L A, Meyer H S, Artino A R. Beyond citation rates: a real-time impact analysis of health professions education research using altmetrics[J]. Academic Medicine, 2017, 92(10): 1449-1455.

[2] Aksnes, Dag W, Liv Langfeldt, et al. "Citations, Citation Indicators, and Research Quality: An Overview of Basic Concepts and Theories." SAGE Open, 2019: 21-75.

[3] Ortega J L. The coverage of blogs and news in the three major altmetric data providers . [C]. Proceedings of the 17th International Conference on Scientometrics and Informetrics (ISSI 2019), Rome, Italy, 2019:75-86.

[4] Hirsch J E. Superconductivity, what the H? The emperor has no clothes[J]. arXiv: History and Philosophy of Physics, 2020.

[5] What's wrong with the H-index, according to its inventor[EB/OL].[2024-11-21].https://www.natureindex.com/news-blog/whats-wrong-with-the-h-index-according-to-its-inventor.

计回归类方法强调利用学术实体自身的变化规律合理选择自变量，确定因变量与自变量的相关关系，通过回归拟合的方式预测影响力的变化，其方法体系如图 2-3 所示。可以发现，统计回归类方法常采用线性函数以及多项式函数表示变量与自变量的关系，例如线性回归（Linear Regression）、分位数回归（Quantile Regression）、半连续回归（Semi-Continuous Regression）[1]、梯度增强回归树（Gradient Boosted Regression Trees）[2]、逐步回归（Stepwise Regression）、ARIMA 时间序列模型以及 VAR 等多元时间序列模型（Multivariate Time Series）。与机器学习方法相比，统计回归类方法没有特征辅助，能够将影响科学影响力的因素看作自变量，通过分析和挖掘自变量以及自变量与因变量的关系，构建回归模型拟合科学影响力的历史序列数据[3]，用模型表征影响力的波动规律，提升对学术实体未来影响力的预测。由于统计回归类方法一般对自变量有着较为明确的定义，数学推理过程严格，因此模型解释简单直观，但也存在无法处理高维数据、无法囊括大量自变量等问题，预测能力和准确率比较有限。

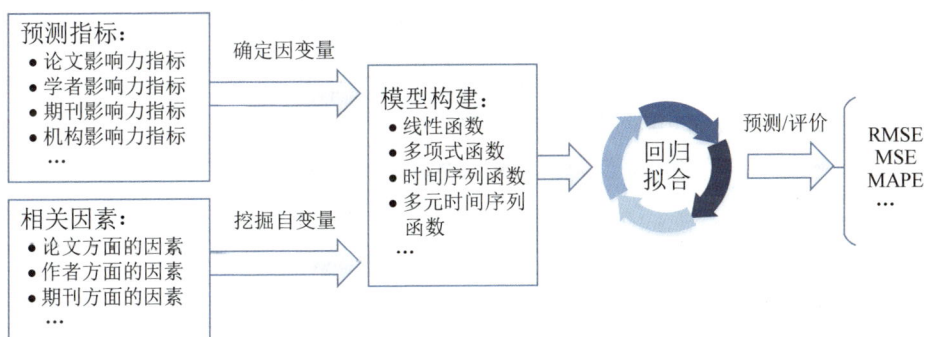

图 2-3　科学影响力预测文统计回归类方法体系

机器学习方法强调从学术实体自身以及其他相关信息中提取特征，从而训练相关机器学习模型或者深度学习模型，在特征辅助下对科学影响力进行预测，其方法体系如图 2-4 所示。机器学习方法没有将与科学影响力相关的因素直接作为自变量构建到模型中，而是将所有影响科学影响力变化的因素统称为特征，认为

[1] Iraj, Hamideh, Sohrabi, et al. The effect of keyword repetition in abstract and keyword frequency per journal in predicting citation counts[J]. Scientometrics an International Journal for All Quantitative Aspects of the Science of Science Policy, 2017.

[2] Chen J, Zhang C. Predicting citation counts of papers[C]. 2015 IEEE 14th International Conference on Cognitive Informatics & Cognitive Computing (ICCI* CC). IEEE, 2015: 434-440.

[3] Abramo G, Dangelo C A, Felici G, et al. Predicting publication long-term impact through a combination of early citations and journal impact factor[J]. Journal of Informetrics, 2019, 13(1): 32-49.

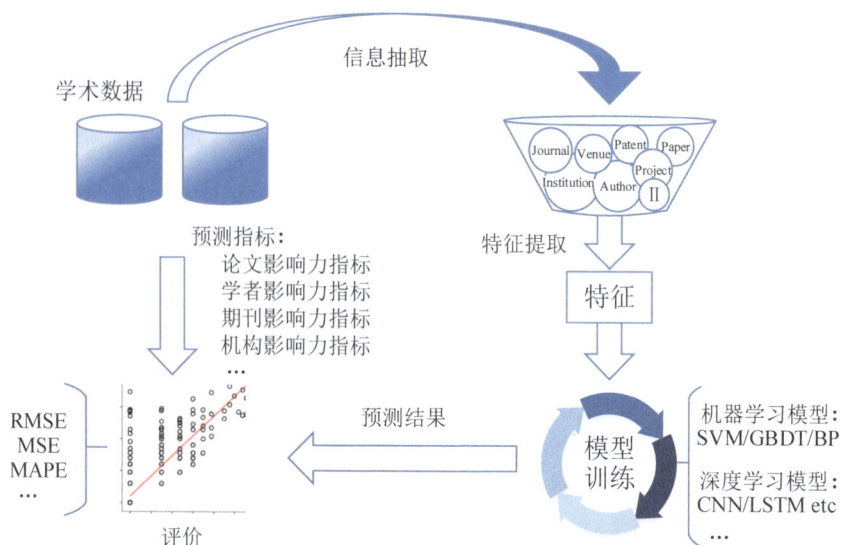

图 2-4　科学影响力预测文机器学习类方法体系

特征与预测指标之间存在复杂的非线性关系。机器学习方法没有直观的模型，每个特征与预测指标之间的具体关系无从得知，也无法解释各个特征对预测指标的作用大小，只能通过特征组合验证最终的准确率。机器学习方法强调通过学术大数据提取论文、学者、期刊、项目、机构、专利等多维特征，适用于大数据场景，并且数据量越大越有利于特征的提取和模型的提升。在以往研究中用到的算法和模型主要包括梯度增强决策树（Gradient Boosting Decision Tress，GBDT）、XGBoot、支持向量机（SVM）、随机森林（Random Forest）、K 最近邻（KNN）、神经网络（Neural Network）、BP 神经网络等机器学习模型，以及 CNN、1D CNN、LSTM 等深度学习预测模型。相比统计回归类方法，机器学习方法具有较高的准确率。

2.5.3　科学影响力预测特征体系

传统的科学影响力预测涉及的特征多聚焦论文、学者、期刊、机构、项目等学术实体的本身属性和关系，彼此互为特征。例如，预测论文的影响力时往往利用学者以及期刊的特征，预测学者时又往往利用论文、期刊等方面的特征。此类研究常常将其他特征视作相对不变的依据，忽略了互为特征一同演化的客观事实。与传统科学影响力预测研究相比，数据驱动的科学影响力预测更强调从海量数据中提取相关特征来构建协同预测模型，而有效的特征体系则是该协同预测模式研究中的重点。

以学术异构网络（Bibliographic Heterogeneous Network）表示各学术实体特征之间的动态协同演化情况，如图 2-5 所示。图中以节点表示学术实体，以节点的面积表示学术实体的影响力，以时间片的形式表示学术实体的动态演化。随着时间的推移，学术实体在不同时间片时影响力发生了变化，有的影响力减弱（节点面积变小），有的影响力增强（节点面积变大），不同学术实体协同演化，或互相促进增强，或一同衰落消亡；连线表示不同实体之间的关系。此图描述了不同学术实体之间的复杂关系，沿着学术实体之间的真实关系快速找到影响目标对象的因素，能够有效提升科学影响力的预测质量。

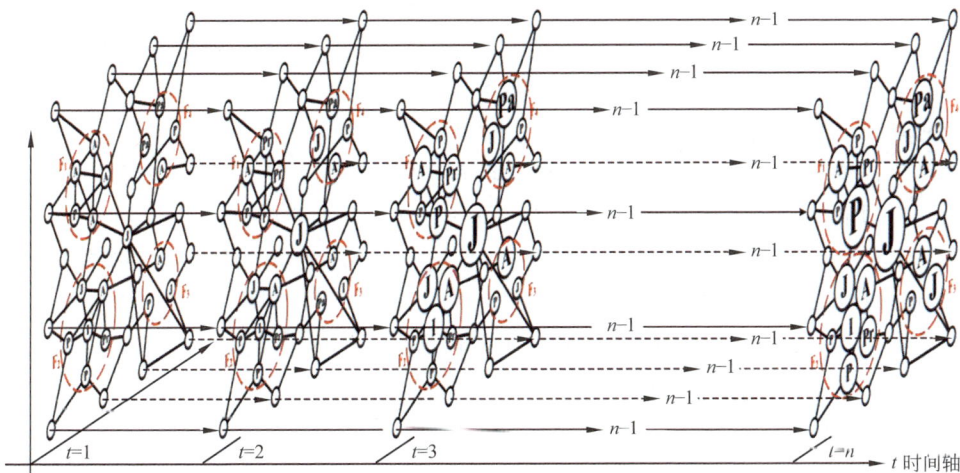

图 2-5　不同学术实体特征之间的动态协同演化概念图

注释：（a）节点代表各类学术实体，其中 P 代表论文，A 代表学者，J 代表期刊，Pr 代表项目，I 代表机构，Pa 代表专利；（b）无箭头连线代表关系，如引用、合作、发表、机构隶属，项目标注，专利申请等关系；（c）带箭头连线表示节点从一个时间片演化到下一个时间片。

2.6　本 章 小 结

本章系统梳理了论文、学者、机构、期刊、项目、专利方面的科学影响力预测研究进展，概括了科学影响力预测研究的指标体系、方法体系、特征体系三大体系。随着数据生产要素化、数据开放与数据共享的进一步推动，有望形成新的综合性指标，在科学衡量科学影响力的基础上，为预测提供新的目标；随着特征提取技术和时间序列预测方法的发展，有望形成新的科学影响力预测模式，完善科学影响力预测方法体系；随着结构化、半结构化和非结构学术数据的融合，有望从海量学术数据中进一步提取有效特征，丰富科学影响力预测特征体系，进一步提升科学影响力预测的准确性。

（1）数据要素化促成新的科学影响力综合性指标。在科学影响力预测指标体系方面，其一，相关引证指标和替代计量指标受各自存在的问题而制约了其独立进行评价和预测的可行性，只有整合两项指标才能在确保质量和稳定性的前提下，融合社会影响力新维度综合进行学术评价和预测，破除 SCI 至上的学术观，提高指标对新兴领域和创新观点的敏感性。

其二，应综合社会认同、同行认同、专家认同、期刊认同等及时反馈影响力情况，分阶段进行针对性的科学预测，结合领域和学科特点，揭示不同学科领域各自科研系统生态的发展规律。例如在机构影响力预测方面，所使用的指标相对比较单一，过于倚重论文数目和质量，缺乏衡量机构综合实力的有效指标。机构影响力应该在科学影响力评估的基础上综合考虑社会影响力，全方面考核机构绩效，并以此为指标探索相关影响因素，预测机构未来可能产生的影响。

其三，论文、学者、机构、期刊、项目、专利等以学术共同体的形式存在，共同构成包含知识创造者、知识传播媒介、学术资源、学术团队在内的学术生态，只有各学术实体的综合影响力才能更有效地表征学术共同体的整体水准，只有良好的学术生态才能确保学术研究的有序发展。

随着数据生产要素化的深入发展，各个领域势必会进一步加强对各个维度数据的积累和存储，因此，未来在科学影响力指标方面应强化对学术共同体整体影响力的评估，充分利用各个领域积累的关于学术的多维数据，规避论文、学者、机构、期刊等单一指标表征科学影响力的不足，整合多维数据和指标，构建能够代表各个学术共同体的综合性指标，为整体科学影响力预测提供可靠依据。

（2）特征提取技术和时间序列预测方法促成科学影响力预测新模式。统计回归类方法体系和机器学习方法体系都有各自的优势和发展空间，但是随着数据的开放和积累以及数据驱动预测模式的成熟，机器学习方法体系将会发挥更大的作用，尤其是以机器学习、深度学习、广度学习（Broad Learning）等为代表的相关模型，例如，计算机领域逐渐发展成熟的长短期记忆人工神经网络（LSTM）、图神经网络（Graph Neural Networks, GNN）[1]、Time2Graph[2] 时间

---

[1] Wu Z, Pan S, Chen F, et al. A comprehensive survey on graph neural networks[J]. IEEE Transactions on Neural Networks and Learning Systems, 2020(4):1-21.

[2] Cheng Z, Yang Y, Wang W, et al. Time2Graph: Revisiting Time Series Modeling with Dynamic Shapelets[C]. AAAI. 2020: 3617-3624.

序列模型等，新的预测模型在科学影响力预测方面的应用有望进一步提升预测精度。

与此同时，深度学习等相关模型不仅是预测的有效方法，也是特征提取的有力工具，研究证明，基于深度学习的特征提取算法有效提升了学术实体在文本、网络等方面的特征提取工作，尤其是近年来发展起来的广度学习可以为多源异构学术数据融合和协同预测提供一系列的规则和算法[1]，有望融合多源异构学术特征甚至跨越学科隔阂，为论文、学者、期刊、项目、机构等学术实体影响力的预测提供了一种新的协同预测模式，整合特征提取技术和时间序列预测方法形成科学影响力预测新模式，完善科学影响力预测方法体系。

（3）进一步融合多源异构学术数据，丰富科学影响力预测特征体系。论文、学者、期刊、机构、项目等学术实体互为特征，面对海量动态协同演化的特征实体，如何提取有效特征来构建协同预测模型是科学影响力预测研究的重点。特征提取的前提是有效的特征刻画，在于如何利用结构化、半结构化和非结构化的学术数据，虽然以往在学术异构网络、科学知识图谱方面已有大量研究，但是如何将海量学术实体之间的复杂真实关系刻画出来，如何将不同领域甚至跨学科的学术实体有效融合在一起，并提取出有效的特征则是学术大数据面对的棘手问题。例如，可以利用图神经网络在更广泛的学科范围内进行多源异构网络融合，通过广度学习网络对齐、网络嵌入等框架将不同领域的学术实体整合在一起[2][3]，将多源数据融合在一起，构建囊括多学科数据的异构网络，在动态刻画的基础上，为预测对象提供尽可能丰富和全面的特征池，由此从特征层面提升相关机器学习以及深度学习等预测模型的性能。

（4）规避偏见，预见美好。科学影响力是大科学时代学术分工细化的产物，但是作为科研政策工具和评价指标，如何衡量科学影响力自始至终存在着许多争议和偏见[4]。基于科学影响力计算之上的预测势必也存在一定的不足，因此，只有规避关于科学影响力的争议，规避预测的偏见，强化对边缘化弱势群体的保护，强化对新颖想法和研究思路的包容度，才能大力鼓励跨学科研究，鼓励开拓新的

[1] Zhang J, Yu P S. Broad learning: an emerging area in social network analysis[J]. ACM SIGKDD Explorations Newsletter, 2018, 20(1): 24-50.

[2] Long F, Ning N, Song C, et al. Strengthening social networks analysis by networks fusion[C]. Proceedings of the 2019 IEEE/ACM International Conference on Advances in Social Networks Analysis and Mining. 2019: 460-463.

[3] 黄炜，童青云，李岳峰. 广度学习研究进展：基于情报学的视角 [J]. 情报理论与实践，2020，43（4）：177-185.

[4] 阎光才. 科学影响力评价的是非争议 [J]. 教育研究，2019，40（6）：16-26.

研究领域[1]。鉴于此，科学影响力预测应着重为科学研究提供更多选择，帮助科研工作者提前发现未来具有较大影响力的方向或选题，应强调为科研决策提供支持，强化预见美好，这样才能尽力规避科学影响力评估中的负面影响，只为预见科学之美。

[1] 周涛. 预测的局限性 [J]. 大数据，2017（4）：110-114.

第 3 章

科学行为预测

基于科学复杂系统理论,复杂网络视域下的科学行为预测旨在解析科学复杂网络的变化规律,预测学者在复杂网络中的行为关系,以促进科学创新和发现。针对一系列科学行为,本章着重对选题、合作、引用等科学行为预测研究进行述评,总结其共同基于复杂网络的研究体系。本章凝练了同构网络链路预测和异构网络协同预测两种方法体系,指出数据广度、跨学科数据、多源异构数据融合等数据支持方面的不足和解决思路,建议融合学者动机、偏好等心理机制,深化科学复杂网络对科学行为的表征,以提升预测准确率。

3.1 科学行为预测内涵

科学复杂系统(Complex System of Science)理论是 Albert-László Barabási、Katy Borner 等国际知名学者近年来在 *Science*、*Nature*、*PNAS* 等国际刊物上论述并不断完善的关于科学的理论,强调科学(Science)是由学者(Scholar)、想法(Idea)、论文(Paper)等共同组成的不断演化和膨胀的复杂网络,该复杂网络的结构和演化遵循着一定的普适规律,强调科学的发展是有规律可循的,科学复杂网络的变化是可以预测的[1]。根据科学复杂系统理论,只要掌握科学复杂网络的变化规律,在科学复杂网络中学者的科学行为(Scientific Behavior of Scholar)就可以预测[2]。复杂网络视域下学者的科学行为不同于数据收集、实验设计、结果分析、论文撰写等广义上的科学行为,仅强调学者作为一个节点在科学复杂网络中与论文、主题等其他节点之间的关系行为,例如选题(作者与主题之间)、合作(作者与作者之间)等行为,以及由学者主导的其他节点之间的关系行为,如引用行为(论文与论文之间)等,强调复杂网络表征下的科学行为[3]。

科学行为预测是科学预测(Science Prediction)的重要组成部分,强调在解析学者行为模式和规律的基础上,从科学复杂网络视域预测学者未来的行为,以探索更加高效的科研行为模式,促进科学创新(Innovation)与发现

[1] Fortunato S, Bergstrom C T, Borner K, et al. Science of science[J]. Science, 2018, 359(6379).

[2] Börner K, Rouse W B, Trunfio P, et al. Forecasting innovations in science, technology, and education[J]. Proceedings of the National Academy of Sciences, 2018, 115(50): 12573-12581.

[3] Jia T, Wang D, Szymanski B K. Quantifying patterns of research-interest evolution[J]. Nature Human Behaviour, 2017, 1(4): 1-7.

（Discovery）[1][2]。在科学复杂网络中，学者虽然被刻画为一个个节点，但是仍具有个体主观能动性，科学行为是学者主体在个人主观意识和客观环境综合影响下有意或无意所表现出的客观事实[3]。根据科学复杂网络节点的类型，目前，科学行为预测主要聚焦在选题行为预测（Topic Selection Behavior Prediction）、合作行为预测（Collaboration Behavior Prediction）、引用行为预测（Citation Behavior Prediction）等方面[4][5][6]。因此，本书着重围绕选题、合作与引用 3 种科学行为进行述评，剖析各预测研究的视角和模式，总结其共同基于复杂网络的科学行为预测研究体系，以期指导学者更高效地从事科学创新和知识发现，研究框架如图 3-1 所示。

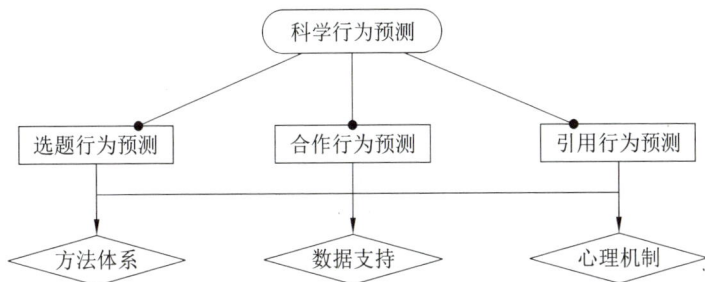

图 3-1　选题、合作与引用等科学行为预测研究框架

3.2　选题行为预测

选题是学者开始科学研究的关键，科学研究一般都具有一定的周期，选题的确定意味着后续时间和精力的持续投入，因此选题是一个保守生成（Conservative

[1] Clauset A, Larremore D B, Sinatra R. Data-driven predictions in the science of science[J]. Science, 2017, 355(6324): 477-480.

[2] 张斌，马费成 . 科学知识网络中的链路预测研究述评 [J]. 中国图书馆学报，2015，41（3）：99-113.

[3] Zeng A, Shen Z, Zhou J, et al. Increasing trend of scientists to switch between topics[J]. Nature communications, 2019, 10(1): 1-11.

[4] Jia T, Wang D, Szymanski B K. Quantifying patterns of research-interest evolution[J]. Nature Human Behaviour, 2017, 1(4): 1-7.

[5] Ramos M A, De Melo J G, Albuquerque U P, et al. Citation behavior in popular scientific papers: what is behind obscure citations? The case of ethnobotany[J]. Scientometrics, 2012, 92(3): 711-719.

[6] 谢娟，成颖，孙建军，等 . 基于信息使用环境理论的引用行为研究：参考文献分析的视角 [J]. 中国图书馆学报，2018，44（5）：59-75.

Production）和风险创新（Risky Innovation）的博弈过程[1]。好的选题或恰当的方向能达到事半功倍的效果，甚至将直接决定后期科研成果的水平和影响力，选题背后是学者研究兴趣的演化（Evolution of Research Interest）[2]。当然，误导性的选题和方向则可能给学科带来一定的风险，如哈佛大学"心肌干细胞修复心脏"学术大厦的坍塌[3]。

3.2.1　选题行为模式分析

在早期科学研究中，学者选题往往比较集中，但是如今学者选题的转换非常频繁，研究表明，有大量的学者会从初始研究领域跨越到其他领域。选题发生变化会导致知识流散（Knowledge Diaspora）[4]。一定程度的知识流散是有利于学科发展的，但是具体呈现出什么特征和现象，则是由万千学者的集体选题行为所决定的。选题行为是学者在评估选题以及自身研究基础等一系列复杂因素上做出的主观行为，受到学者个体、主题内涵、社会需求、基金支持等多方面因素的影响，研究表明学者的年龄[5]、性别[6]、受教育模式[7]、合作机会以及学者的风险偏好和创新能力等都会影响学者的选题行为[8]，尤其是受科研基金资助的选题往往会受到学者的广泛关注[9]。在选题行为模式方面，Zeng 等发现在早期学术生涯中产量

[1]　Bourdieu, P. The specificity of the scientific field and the social conditions of the progress of reason[J]. Social Science Information, 1975, 14(6):19-47.

[2]　De Domenico M, Omodei E, Arenas A. Quantifying the diaspora of knowledge in the last century[J]. Applied Network Science, 2016, 1(1):15.

[3]　Harvard Calls for Restraction of Dozens of Studies by Noted Cardiac Researcher [EB/OL]. [2020-07-16]. https://www.nytimes.com/2018/10/15/health/piero-anversa-fraud-retractions.html.

[4]　De Domenico M, Omodei E, Arenas A. Quantifying the diaspora of knowledge in the last century[J]. Applied Network Science, 2016, 1(1): 15.

[5]　Jones B F, Weinberg B A. Age dynamics in scientific creativity[J]. Proceedings of the National Academy of Sciences, 2011, 108(47): 18910-18914.

[6]　West J D, Jacquet J, King M M, et al. The role of gender in scholarly authorship[J]. PloS one, 2013, 8(7).

[7]　Malmgren R D, Ottino J M, Amaral L A N. The role of mentorship in protégé performance[J]. Nature, 2010, 465(7298): 622-626.

[8]　Foster J G, Rzhetsky A, Evans J A. Tradition and innovation in scientists' research strategies[J]. American Sociological Review, 2015, 80(5): 875-908.

[9]　Petersen A M. Quantifying the impact of weak, strong, and super ties in scientific careers[J]. Proceedings of the National Academy of Sciences, 2015, 112(34): E4671-E4680.

不高的学者更倾向不断地换选题，经过选题转换后学者的产量显著得到提升[1]。Ma 等发现在早期学术生涯中研究选题比较少的学者更容易放弃学术研究，而具有广泛研究兴趣和多个研究选题的学者更倾向继续在学术圈耕耘[2]。与此同时，Amjad 等发现学者研究兴趣越专注，越容易取得高影响力的成果[3]。Jia 等发现研究兴趣的变化服从指数分布特征，并利用随机游走模型模拟了学者研究选题的变化情况，揭示了学者研究兴趣的海边漫步（Seashore Walk）宏观演化模式[4]。由此可见，影响选题行为的因素和模式是多元的，受多重因素影响的选题行为预测也变得异常复杂。

3.2.2　基于二模网络的选题行为预测

以复杂网络表征选题行为，则为作者与主题两类节点之间的连线，以二模网络表示如图 3-2 所示，随着时间的推移，作者与主题之间的关系在各个时间切片上不断变迁，选题行为处于持续演化过程中，因此选题行为预测通常被转化为学者与主题的动态链路预测来解决。例如，Aslan 和 Kaya 以 IEEE Xplore 在线图书馆中的会议论文为例，构建学者与主题的二模网络，针对大规模二模网络提出整合二模网络结构特征的强化映射网络，并提出时间敏感性的近邻测度方法（Time-aware Proximity Measure），以充分把握复杂网络动态变化中的重要信息，预测节点之间是否会产生连线[5]。Purwitasari 等将关键词视为主题，构建学者—主题二模网络，发现随着学者选题的变化，合作行为也发生显著变化，合作行为的改变进一步加速了学者自身研究兴趣的转变，激励着学者做出新的选题行为[6]。由此可

[1]　Zeng A, Shen Z, Zhou J, et al. Increasing trend of scientists to switch between topics[J]. Nature Communications, 2019, 10(1): 1-11.

[2]　Ma Y, Ji Z, Song L. A Two-Layer Network Model Reveals the Adhesion Scientist Career Stage and Research Topic in China[J]. IEEE Access, 2020, 8: 52726-52737.

[3]　Amjad T, A. Daud, M. Song. 2018. Measuring the Impact of Topic Drift in Scholarly Networks for WWW 2018 Proceedings and Companion Submissions. In The 2018 Web Conference Companion (WWW 2018), April 23-27, 2018, Lyon, France, ACM, New York, NY, XX pages. DOI: https://doi.org/10.1145/3184558.3186358.

[4]　Jia T, Wang D, Szymanski B K. Quantifying patterns of research-interest evolution[J]. Nature Human Behaviour, 2017, 1(4): 1-7.

[5]　Aslan S, Kaya M. Topic recommendation for authors as a link prediction problem[J]. Future Generation Computer Systems, 2018: 249-264.

[6]　Purwitasari D, Fatichah C, Sumpeno S, et al. Identifying collaboration dynamics of bipartite author-topic networks with the influences of interest changes[J]. Scientometrics, 2020, 122(3): 1407-1443.

见，选题行为不是孤立存在的，科学合作碰撞有利于创新性的选题，而创新性的选题往往又需要汲取新的科研力量，选题行为与合作等其他科学行为是相互关联的。

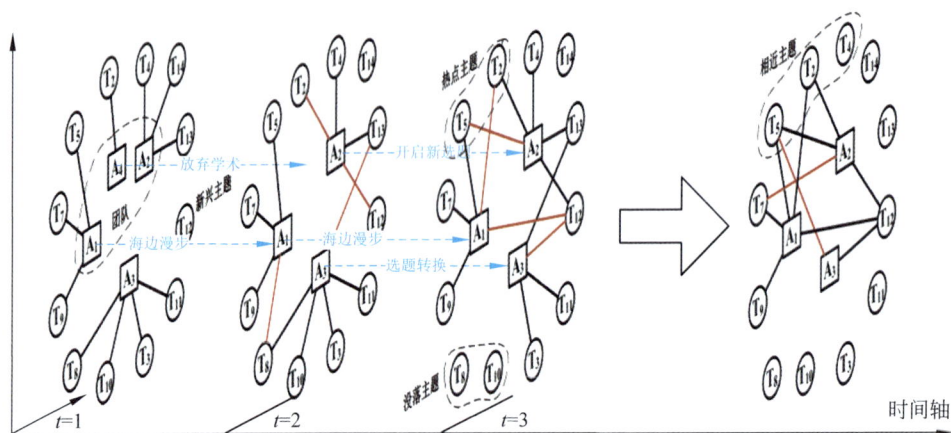

图 3-2　基于学者—主题二模网络的选题行为动态演化

注释：圆形节点代表主题，方形节点代表学者，连线代表学者与主题之间的选题关系。

选题行为研究虽然目前仍处于规律探析阶段，但是随着跨学科以及融学科的进一步发展，随着科学大数据驱动科学预测的成熟，选题行为作为科学行为中关键的一环，势必会获得更广泛的关注，选题行为预测的模式和思路也将得以丰富。引用行为、合作行为等科学行为预测的相关模式对于选题行为预测均具有较强的参考价值。融合指标、表示学习、选题推荐等模式同样适用于选题行为预测。例如，林原等在作者—关键词二模网络的基础上，通过表示学习将信息实体表示成相同空间的低维向量，根据向量相似度为作者推荐潜在的关键词，指导学者选题[1]。学者—主题二模网络只是客观地表达了学者的选题行为，真实的选题行为仍然是异常复杂的，其不仅取决于学者个体的主观心理等因素，还受到学者所在科学环境的影响，例如，学者的合作基础在一定程度上直接影响学者新选题的成功概率，学者所在机构或单位的硬性科研设备也将影响科学选题的可行性，学者所在学科的特点也将影响学者选题行为的模式，学者周围的科研科学氛围可能会促使科学繁荣，亦可能成为新选题的绊脚石。

[1]　林原，王凯巧，刘海峰，等．网络表示学习在学者科研合作预测中的应用研究 [J]．情报学报，2020，39（4）：367-373.

3.3　合作行为预测

　　合作行为是科研个体（学者）为实现自我价值以及团队效益所做出的合作协同、优势互补等主观行为，科学合作对于科学创新意义深远[1]。个体合作、机构合作以及国家 / 地区合作等不同层面上的合作行为将揭示和反映不同层面上的问题[2]，科学合作行为不仅仅蕴含着知识主体之间的交流、转移和碰撞等过程[3]，而且可以预示人生轨迹、区域发展、国家战略等[4]。以复杂网络表征科学合作行为，如图 3-3 所示，通常被转换为合作网络链路预测问题来解决，强调合作网络拓扑结构驱动合作网络演化的机理[5][6]。目前，关于科学合作行为预测的研究主要集中

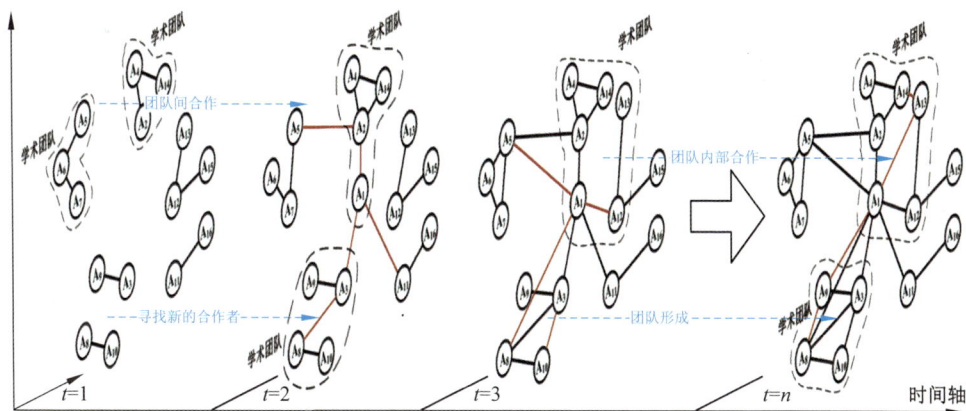

图 3-3　基于合作网络的合作行为动态演化

注释：节点代表学者，连边代表合作关系。

[1]　Lee S, Bozeman B. The impact of research collaboration on scientific productivity[J]. Social Studies of Science, 2005, 35(5): 673-702.

[2]　巴志超，李纲，朱世伟 . 科研合作网络的知识扩散机理研究 [J]. 中国图书馆学报，2016，42（5）：68-84.

[3]　张斌，马费成 . 科学知识网络中的链路预测研究述评 [J]. 中国图书馆学报，2015，41（3）：99-113.

[4]　M. Salganik. Measuring the predictability of life outcomes with a scientific mass collaboration[J]. Proceedings of the National Academy of Sciences, 2020, 117 (15): 8398-8403.

[5]　张斌，李亚婷，戴怡清 . 聚集系数对合著网络链路预测效果的影响研究 [J]. 情报理论与实践，2018，41（1）：100-104.

[6]　张斌，李亚婷 . 学科合作网络链路预测结果的排序鲁棒性 [J]. 信息资源管理学报，2018，8（4）：89-97.

在多指标融合的合作行为预测、基于表示学习的合作行为预测、持续合作行为预测、情境限制下的合作行为预测、合作推荐视角下的合作行为预测以及学者主观视角下的科学合作行为预测等。

3.3.1 融合网络结构和个体属性等多指标的合作行为预测

从网络结构视角出发的合作行为预测主要包括基于邻居节点的链路预测方法和基于路径相似的链路预测方法，如共同邻居（Common Neighbors）、Admic Adar、Jaccard Coefficient、Preferential Attachment 等基于邻居节点的链路预测方法，以及 Shortest Path、Katz、FriendLink、Random Walk with Reastart 等基于路径相似的链路预测方法[1]，以往关于合作行为的预测研究多围绕这两个视角展开，但是近年来越来越强调融合网络结构和个体属性等多种指标的综合性链路预测。例如，余传明等整合基于邻居节点和基于路径的算法，提出最短路径相似度算法和线性特征相似度融合模型，从个人、机构和区域 3 个层次分别验证了多种特征融合对于合作推荐的效度[2]。刘竞和孙薇在路径相似性的基础上融入了研究者科研兴趣相似性指标，通过加权比重划分的方式，发现在路径相似性的基础上引入一定权重的节点相似性指标后预测效果更好[3]。Zhou 等在论文属性基础上进一步融入合作时间属性指标，并利用基于注意力机制的长短期记忆卷积神经网络模型（Attention-based Long Short-Term Memory Convolutional Neural Network，LSTM-CNN）来融合这些特征，从机构层面进行合作行为预测[4]。由此可见，综合性合作行为预测的关键在于网络结构和个体属性的多指标融合，规避单一指标的不足，综合多维属性信息进行合作行为预测。

3.3.2 表示学习视角下的合作行为预测

相对于多指标融合的有监督科学合作行为预测模式，融合的指标是明确的，

[1] 张斌，马费成 . 科学知识网络中的链路预测研究述评 [J]. 中国图书馆学报，2015，41（3）：99-113.

[2] 余传明，龚雨田，赵晓莉，等 . 基于多特征融合的金融领域科研合作推荐研究 [J]. 数据分析与知识发现，2017，1（8）：39-47.

[3] 刘竞，孙薇 . 基于链路预测的潜在科研合作关系发现研究 [J]. 情报理论与实践，2017，40（7）：88-92.

[4] Zhou H, Sun J, Zhao Z, et al. Attention-Based Deep Learning Model for Predicting Collaborations Between Different Research Affiliations[J]. IEEE Access, 2019: 118068-118076.

表示学习视角下的科学合作行为预测，其指标和特征却是不明确的，但是特征池更为广泛，因此表示学习视角下的科学合作行为预测是一种无监督学习特征提取加有监督链路预测的模式，其强调通过表示学习的方式对网络以及文本等多维数据进行特征提取，例如，Line、Deepwalk、Node2vec、SDNE 等网络表示学习方法和 Word2vec、Doc2vec、LDA2vec、BERT 等文本表示学习方法，强调在提取和融合特征向量的基础上，计算相似性或训练有监督机器学习模型，在海量或者稀疏的大规模科学合作网络方面具有较大优势。例如，张金柱等通过深度网络表示学习方法，将网络节点表示为低维特征向量，借助向量相似度指标计算学者之间的语义相似度，进行科学合作预测和推荐[1]。余传明等则进一步综合了基于节点位置信息和基于网络结构的两种网络表示学习方法，优化节点上下文采样的深度和广度，在深度学习特征提取的基础上，以机器学习二分类问题的解决思路，对合作行为进行预测[2]。与此同时，基于表示学习的科学合作行为预测还强调对边的属性进行表示学习，例如，Gao 等提出 Edge2vec 边表示学习方法，借助边的语义关系进行知识发现[3]，Goyal 等提出边标签感知网络表示学习（Edge Label Aware Network Embedding，ELAINE），利用多元非线性算法，联合学习网络结构和边标签，结合边的属性（Edge Attributes）特征，提升链路预测以及节点分类等任务的准确率[4]。表示学习是无监督特征提取的有力工具，基于表示学习的科学行为预测更容易将多维属性信息的特征向量拼接在一起，从多维异构数据角度提升预测准确率。

3.3.3　持续合作视角下的合作行为预测

持续科学合作强调科学合作不是一次性交易（One-shot Deal），而是一种持续性活动[5]，因此持续性科学合作行为预测不同于传统的对两个没有连线的节点

[1] 张金柱，于文倩，刘菁婕，等．基于网络表示学习的科研合作预测研究 [J]．情报学报，2018，037（2）：132-139.

[2] 余传明，林奥琛，钟韵辞，等．基于网络表示学习的科研合作推荐研究 [J]．情报学报，2019，38（5）：58-69.

[3] Gao Z, Fu G, Ouyang C, et al. Edge2vec: Representation learning using edge semantics for biomedical knowledge discovery[J]. BMC Bioinformatics, 2019, 20(1): 1-15.

[4] Goyal P, Hosseinmardi H, Ferrara E, et al. Capturing Edge Attributes via Network Embedding[J]. IEEE Transactions on Computational Social Systems, 2018, 5(4): 907-917.

[5] Wang W, Cui Z, Gao T, et al. Is Scientific Collaboration Sustainability Predictable[C]. The Web Conference, 2017: 853-854.

进行关系预测，而是对已经具有连线的节点进行关系预测。鉴于此，持续性合作行为的预测势必需要考虑学者之间的合作历史，研究表明，具有一定合作基础的学者往往会持续合作，学者先前的合作团队（Former Groups）对新团队的形成异常重要，学者比较倾向在已有的合作基础上继续开展合作，并且合作时间越近，越容易再次合作[1]。其次，学者的合作时间、合作持续时间、初始合作学术年龄（Academic Age of First Collaboration）、合作成果数量（Number of Publications）、合作者数量（Number of Collaborators）、共同合作者（Common Neighbors）以及最短路径（Shortest Path）也均会影响学者后期的持续合作行为，Wang 等提出了SCTeller 持续合作预测模型，结合合作时间和合作持续时间信息，提升了持续合作行为预测的准确率[2]。除此之外，学者之间相遇的概率也影响学者的持续性合作，经常见面的学者更容易继续合作，例如，共同出席会议这种弱关系，Wang 等就以此弱关系为基础构建了可持续合作推荐系统（Sustainable Collaborator Recommendation System，SCORE），基于多样推荐（Diversified Recommendation）原则为学者推荐可持续合作的合作者[3]。持续科学合作行为强调对已有连线的重复，即权重的增加，因此在持续合作行为预测中，线的加权显得异常重要，而探索何种因素增强了这种连线，以及在何种情况下连线会得到增强，都是持续性合作行为预测的关键。

3.3.4　情境限制视角下的合作行为预测

情境限制强调在一定情境要求下进行合作行为预测和推荐。例如，针对"深度学习""广度学习"这两个主题进行合作行为预测，则需要学者满足两个主题的研究前提，再预测产生合作行为的可能性。目前，合作的情境限制主要集中在研究主题和研究兴趣两方面，例如，Liu 等针对学者的主题情境限制需求提出情境意识的合作推荐（Context-Aware Collaborator Recommendation，CACR），通过实体协同嵌入网络（Collaborative Entity Embedding Network）将学者和主题之

[1] Ceballos H G, Garza S E, Cantu F J, et al. Factors influencing the formation of intra-institutional formal research groups: group prediction from collaboration, organisational, and topical networks[J]. Scientometrics, 2018, 114(1): 181-216.

[2] Wang W, Xu B, Liu J, et al. CSTeller: forecasting scientific collaboration sustainability based on extreme gradient boosting[J]. World Wide Web, 2019, 22(6): 2749-2770.

[3] Wang W, Liu J, Yang Z, et al. Sustainable Collaborator Recommendation Based on Conference Closure[J]. IEEE Transactions on Computational Social Systems, 2019, 6(2): 311-322.

间的共现关系以及主题相互之间的潜在语义关系共同训练拼接为一个向量，利用层次分解模型（Hierarchical Factorization Model）抽取学者合作的主观能动性（Activeness）和保守性（Conservativeness），在主题情境的限制下进一步将学者的主观积极性量化，以进行合作推荐[1]。Pradhan 和 Pal 针对研究兴趣的限制提出了多层融合的合作推荐模型 DRACoR（Deep Learning and Random Walk Based Academic Collaborator Recommender），在抽取学者研究兴趣的基础上，利用 Doc2vec 和 Word2Vec 学习标题以及摘要的特征，根据研究内容的语义相似性构建学者加权网络，在学者共同研究兴趣的基础上为学者推荐前 N-top 合作者[2]。由此可见，情境限制下的合作行为更能彰显学者自身的主观能动性和保守性（行动选择），现实的合作行为必然是多重因素综合影响所致，结合特定情境才能使合作行为预测更加逼近现实，对合作行为情境划分得越细，越有利于融入学者个体的特征提升预测。

3.3.5　合作推荐视角下的合作行为预测

　　合作推荐视角下的合作行为预测强调在学者背景基础上预测已知节点之间的连线，虽然本质上是合作行为预测，但更强调学者之间的关联匹配，强调最优的推荐，至于是否落实为具体行为则取决于学者的主观选择。目前，相关研究主要集中在研究领域匹配、合作网络匹配、合作策略匹配、人格特质匹配等，其中研究领域相近或可借鉴是合作的基础，已有的合作网络是为新合作积累的人脉资源，互相吻合的合作策略是达成合作意愿的动力，人格特质则是决定科学合作实施的细节和关键[3]。例如，Kong 等整合学者的出版物信息和合作网络，在 Word2Vec 识别学者研究领域的基础上，利用随机游走（Random Walk）计算学者的特征向量，在学者特征向量的基础上计算学者之间的相似度，从而进行推荐[4]。Sun 等学者则抓住学者科研合作对职业年龄的敏感，在作者合作网络以及研究主题基础上，

[1] Liu Z, Xie X, Chen L, et al. Context-aware Academic Collaborator Recommendation[C]. Knowledge Discovery and Data Mining, 2018: 1870-1879.

[2] Pradhan T, Pal S. A multi-level fusion based decision support system for academic collaborator recommendation[J]. Knowledge Based Systems, 2020.

[3] Huynh T, Takasu A, Masada T, et al. Collaborator Recommendation for Isolated Researchers[C]. Advanced Information Networking and Applications, 2014: 639-644.

[4] Kong X, Jiang H, Yang Z, et al. Exploiting Publication Contents and Collaboration Networks for Collaborator Recommendation[J]. PLOS ONE, 2016, 11(2): 62-66.

综合学者在不同学术年龄阶段所采取的不同合作策略，有效揭示了学者的人口属性特征对合作的影响，提升了预测准确率[1]。Zhang 等则强调提取学者的学术属性（Academic Attributes）以构建属性社会网络，利用属性随机游走学习网络结构特征和学者属性特征，用图神经网络（Graph Recurrent Neural）拟合学者之间的交互情况，推荐潜在合作者[2]。

3.3.6　学者主观视角下的合作行为预测

不同于以往将合作行为预测等同于合作网络中的链路预测，学者主观视角下的合作行为预测更强调学者个体的主观能动性，如学者的合作动机、合作偏好等都影响着合作行为，链路预测比较强调从客观因素揭示合作行为，往往是比较理性的分析，但是主观行为有时往往是非理性的，甚至会出现反常现象，种种原因虽然未被科学复杂网络表征，但真实客观存在，因此从学者主观视角出发的合作行为预测更强调学者主体的复杂性。例如，Li 等假设在合作网络中每个学者都是一个智能体，智能体通过对合作关系的效能评估来决定是否构建新的关系，旨在使自己的效能最大化，并将关系形成（Link Formation）分为相遇（Individual Meeting）和决策（Decision Making）两个步骤，通过实验验证了个体偏向（Individual Preferences）对关系形成的决定性作用[3]。汪志兵等根据学者对合作机构的偏好，提出机构偏好相似性指标 IDF 和 ICCR，在 CN、AA、LP 以及 Katz 等网络拓扑结构相似指标基础上加权融合机构偏好指标，以提升科学合作行为预测[4]。由此可见，学者在合作网络中虽然被表征为一个节点，但有着多重动机和复杂的决策偏好，合作行为是客观因素影响下的主观行为，因此对合作行为的预测不仅要从客观因素找根据，还应研习学者的主观心理。

[1] Sun N, Lu Y, Cao Y, et al. Career Age-Aware Scientific Collaborator Recommendation in Scholarly Big Data[J]. IEEE Access, 2019: 136036-136045.

[2] Zhang C, Wu X, Yan W, et al. Attribute-Aware Graph Recurrent Networks for Scholarly Friend Recommendation Based on Internet of Scholars in Scholarly Big Data[J]. IEEE Transactions on Industrial Informatics, 2020, 16(4): 2707-2715.

[3] Li Y, Luo P, Fan Z, et al. A utility-based link prediction method in social networks[J]. European Journal of Operational Research, 2017, 260(2): 693-705.

[4] 汪志兵，韩文民，孙竹梅，等 . 基于网络拓扑结构与节点属性特征融合的科研合作预测研究 [J]. 情报理论与实践，2019，042（8）：116-120.

3.4　引用行为预测

引用行为是学者撰写论文时阐述科学根源、强化相关依据或进行研究对比时做出的一种主观行为[1]。依据莫顿科学社会学的规范理论（Normative Theory）观点，引用行为是引用者认同被引文献具有知识启迪价值的一种行为表现，引用行为不仅客观反映了论文以及学者的影响力，而且蕴含着知识的继承、扩散和创新过程[2]。研究表明，引文网络是揭示知识传播和扩散的有力工具，能够有效揭示知识主题之间的影响关系，以及学科之间的知识流动与传播情况[3]。引用行为预测强调对是否引用进行预测，从微观层面预示知识单元的演化脉络，预测知识传播和创新扩散的方向和可能性，从宏观层面预测未来学科、地域之间知识的流动以及文明的流动[4][5]。

引用行为的客观表现即文献中的参考标注以及由此构成的引文网络，如图 3-4 所示，对引用行为的预测通常被转换为引文网络中的链路预测，引用行为预测不同于对论文的被引量以及影响力进行预测，而是对论文之间是否会产生引用关系进行预测，即对引文网络中新的连线进行预测。在引文网络中，节点表示论文，线表示论文之间的引用关系，引文网络实质上是有向的随着时间变化的同构网络（Homogeneous Network），因此可以利用引文网络的拓扑结构特征（Topological Features）、语义特征（Semantic Features）、论文属性特征（Paper's Attribute Features）等，借助支持向量机等有监督机器学习方法预测论文之间的

[1] 索传军，王雪艳 . 引用行为的演变趋势及其对引文评价的影响分析 [J]. 图书情报工作，2019，63（24）：97-106.

[2] 谢娟，成颖，孙建军，等 . 基于信息使用环境理论的引用行为研究：参考文献分析的视角 [J]. 中国图书馆学报，2018，44（5）：59-75.

[3] Liu J S, Lu L Y Y. An integrated approach for main path analysis: Development of the Hirsch index as an example[J]. Journal of the Association for Information Science & Technology, 2014, 63(3): 528-542.

[4] Wu Q, Zhang C, Hong Q, et al. Topic evolution based on LDA and HMM and its application in stem cell research[J]. Journal of Information Science, 2014, 40(5): 611-620.

[5] Zhu M, Zhang X, Wang H. A LDA Based Model for Topic Evolution: Evidence from Information Science Journals[C]. International Conference on Modeling, Simulation and Optimization Technologies and Applications. 2017(58):49-54.

引文关系[1]。针对引文网络的时间属性，可以融合时间动态特征和拓扑结构特征进行动态预测，例如，Jawed 等提出一种包含引文网络拓扑结构特征的时间框架有向引文网络预测模型，在一定程度上还原了引文网络随着时间变化的特点[2]。无论是静态还是动态引用行为预测，节点影响力、关系权重、拓扑模式都举足轻重。

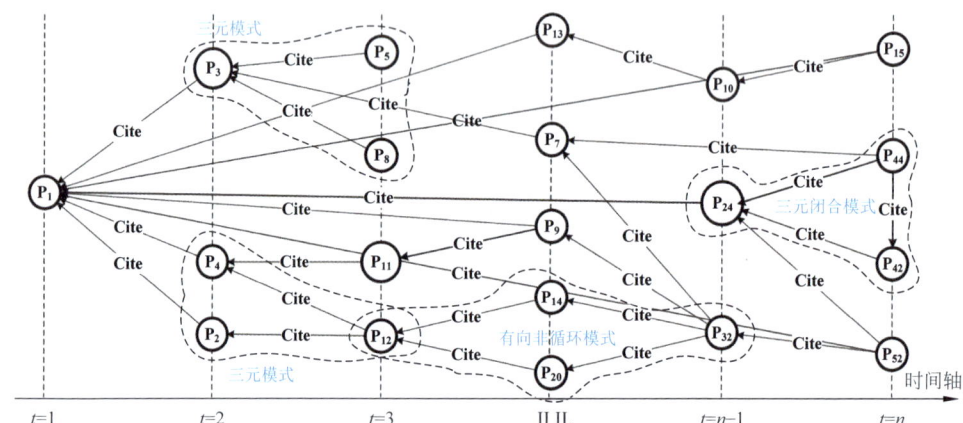

图 3-4　基于引文网络的引用行为动态演化

3.4.1　节点影响力和关系权重视角下的引用行为预测

引文网络中，不同节点对新关系作用的强度不同，例如，引用高影响力科学成果作为研究支撑，论文可能更容易得到认可，因此如何衡量引文网络中各节点的影响力，以及如何把握这种影响，对新关系预测尤为重要。在此方面主要有度中心性（Degree）、核中心性（Coreness）、接近中心性（Closeness）、中介中心性（Betweenness）等传统节点影响力指标以及 H-index 等新兴节点影响力指标[3]。例如，基于 H-index 这种新的节点重要性评价指标，Jia 和 Qu 进一步有效

[1]　Shibata N, Kajikawa Y, Sakata I. Link prediction in citation networks[J]. Journal of the American Society for Information Science and Technology, 2012, 63(1): 78-85.

[2]　Jawed M, Kaya M, Alhajj R. Time frame based link prediction in directed citation networks[C]. 2015 IEEE/ACM International Conference on Advances in Social Networks Analysis and Mining (ASONAM). IEEE, 2015: 1162-1168.

[3]　Lu L, Zhou T, Zhang Q, et al. The H-index of a network node and its relation to degree and coreness.[J]. Nature Communications, 2016, 7(1): 10168-10168.

提升了 Salton Index 和 Adamic-Adar Index 等基于相似性的链路预测算法的准确率 [1]。与此同时，边的权重也显著影响着新关系的形成，但是具体作用于新关系的方向仍是迫切需要验证的问题。例如，Lv 等发现，权重较小的边在链路预测中扮演着更为重要的角色，即权重小的边更有助于对新关系的预测，发现链路预测中存在着弱连接效应 [2]，岳增慧等学者发现在学科引证知识扩散网络中，也存在一定程度的弱连接效应 [3]，最新研究不断刷新着人们对权重和新关系的认知。如何计算节点影响力和关系的权重，如何将这两方面的影响嵌入引用行为预测是引用行为预测研究的难点。随着算法的改进或新算法的提出，当对节点影响力和关系权重的刻画进一步逼近现实后，在此基础上的引用行为预测也将进一步提升。

3.4.2　不同拓扑模式视角下的引用行为预测

相对于节点或关系等单一因素对预测的影响，拓扑模式视角下的引用行为预测强调由节点和关系所共同构成的局部复杂网络有机体对预测的影响，强调依据局部网络结构所蕴含的机理和规律进行预测。引文网络所蕴含的不同拓扑模式对引用行为预测意义深远，针对引文网络中不同的拓扑模式，目前形成了三元闭合模式、有向非循环模式、互惠闭合回环模式、无标度网络模式等视角下的引用行为预测思路。例如，针对引文网络中的三元闭合（Triad Closeness）模式，Butun 和 Kaya 提出了一种基于模式监督的链路预测方法，综合考虑链路方向（Link Direction）和链路模式（Link Formation）对链路预测的影响 [4]。引文网络具有三元闭合模式，但是没有闭合循环模式，因此引文网络是一种有向的非循环网络（Directed Acyclic Graph）。针对有向非循环模式，Ciotti 等假设引文网络所代表的知识流动是一种同质知识转移，引文网络中的链路预测应该基于相似品种关联（Similarity Breeds Connection）的原则进行，并提出一种新的基于文献属性的论

[1] Jia Y, Qu L. Improve the Performance of Link Prediction Methods in Citation Network by Using H-Index[C]. Cyber Enabled Distributed Computing and Knowledge Discovery, 2016: 220-223.

[2] Lu L, Zhou T. Link prediction in weighted networks: The role of weak ties[J]. EPL, 2010, 89(1):18001.

[3] 岳增慧，许海云，王倩飞 . 基于局部信息相似性的学科引证知识扩散动态链路预测研究 [J]. 情报理论与实践，2020，43（2）：84-99.

[4] Butun E, Kaya M. A pattern based supervised link prediction in directed complex networks[J]. Physica A-statistical Mechanics and Its Applications, 2019: 1136-1145.

文相似度计算方法，揭示了引文网络中论文之间的相似引证关系，为识别知识流动障碍、加速知识扩散提供了参考方法[1]。

引文网络是非循环的，但是作者之间可以通过多篇论文引证形成闭合回环，尤其是互惠引用形成的闭合回环，研究证明，几乎有 21% 的引证是来自互惠引用[2]。针对作者之间的这种互惠闭合回环模式，Daud 等利用合作发表的论文（Common Published Papers，CPP）、同被引论文（Common Cited Papers，CCP）、共引论文（Common Citations，CC）、共引作者（Common Citing Authors，CCA）、同被引作者（Common Cited Authors，CoCA）、作者被引数（Citations of Authors，CoA）、研究领域（Field of Research，FoR）7 种特征预测作者之间的回环引用行为，利用决策树、朴素贝叶斯、支持向量机 3 种分类算法验证了这些特征对互惠引用预测的作用[3]。与此同时，无标度网络模式作为复杂网络中的经典模式，也是引用行为预测研究中的重要拓扑模式。针对引文网络中的无标度网络模式，Yu 等根据网络中节点度的幂率分布特征，采用部分观测的方式，综合节点的局部特征和全局特征进行链路预测，有效提高了预测的准确率，尤其在大规模网络方面效果更佳[4]。由此可见，针对引文网络的不同拓扑模式，只有把握拓扑模式的本质，才能有效揭示规律，提升预测准确率。

3.4.3　引文推荐视角下的引用行为预测

引文推荐（Citation Recommendation）本质上就是对引用行为关系的预测，强调根据学者的查询（Query）为学者推荐相关参考文献，帮助学者规避烦琐的文献搜集过程，佐证或支持自己研究的开展，通常在引文网络结构和属性基础上，结合论文的发表时间、关键词、主题、作者信息等对引文网络进行链路预测，

[1]　Ciotti V, Bonaventura M, Nicosia V, et al. Homophily and missing links in citation networks[J]. EPJ Data Science, 2016, 5(1).

[2]　Li W, Aste T, Caccioli F, et al. Reciprocity and impact in academic careers[J]. EPJ Data Science, 2019, 8(1): 1-15.

[3]　Daud A, Ahmed W, Amjad T, et al. Who will cite you back? Reciprocal link prediction in citation networks[J]. Library Hi Tech, 2017, 35(4): 509-520.

[4]　Yu X, Li R, Chu T, et al. Link prediction in scale-free networks using a partial observation[J]. Journal of Statistical Mechanics: Theory and Experiment, 2019, 2019(9).

从而为用户推荐精准的引文[1][2]。虽然受作者主观因素影响，作者可能未对相关文献标引，引文推荐可能并没有真正落实到行为，但是引文推荐在理解用户查询内涵和用户情境方面更为贴切，从引文推荐视角理解学者细腻的心理机制和行为模式有助于引用行为预测。目前，引文推荐在单语言推荐（Monolingual Citation Recommendation）、跨语言推荐（Cross-lingual Citation Recommendation）、增量引文推荐（Cumulative Citation Recommendation）、即时引文推荐（Real Time Citation Recommendation）等方面均取得丰富的研究成果[3]。鉴于此，引用行为预测应当借鉴引文推荐的相关研究思路和算法，在精准推荐的基础上解析学者引用机理，结合作者属性和因素，从引文个性化推荐的视角提高引用行为预测的准确率。

3.5　科学行为预测研究模式总结

作为科学预测研究的重要组成部分，科学行为预测从行为视角对科学进行预测旨在提高学者科学创新和知识发现行动效率。本书从复杂网络视域出发，围绕选题、合作、引用 3 种科学行为，评述各研究的视角和模式。总体来看，3 种科学行为虽然预测目标不同，但是共同依存于科学复杂系统，其本质都是科学复杂网络链路预测问题；其方法体系是吻合的，可相互借鉴，亦需共同改进；其数据来源是一致的，互相牵制影响，亦存在相同问题；其在心理机制融合方面，均缺乏对动机、偏好等因素的网络表征。本节针对其在方法体系、数据支持、心理机制等方面的不足，提出解决思路。

3.5.1　科学行为预测中的方法体系

通过对选题、合作、引用等科学行为预测的分析，可以发现科学行为预测主

[1] Liu H, Kou H, Yan C, et al. Link prediction in paper citation network to construct paper correlation graph[J]. Eurasip Journal on Wireless Communications and Networking, 2019, 2019(1): 1-12.

[2] Dai T, Zhu L, Cai X, et al. Explore semantic topics and author communities for citation recommendation in bipartite bibliographic network[C]. Ambient Intelligence, 2018, 9(4): 957-975.

[3] Ma S, Zhang C, Liu X, et al. A review of citation recommendation: from textual content to enriched context[J]. Scientometrics, 2020, 122(3): 1445-1472.

要有同构网络链路预测、异构网络协同预测两种方法体系，根据图论从网络的拓扑结构和属性特征推理节点连线的产生，如表 3-1 所示。

表 3-1　科学行为预测的方法体系

方法体系		研究维度		
		合作行为预测	引用行为预测	选题行为预测
基于同构网络的链路预测	网络构成	节点为学者；线为合作关系；旨在预测合作连线	节点为论文；线为引证关系；旨在预测引证连线	选题行为至少包含学者、主题两类节点，只能通过异构网络进行表征
	研究机理	网络拓扑结构驱动网络演化的机理		
	方向与权重	无向；可赋权重	有向；可赋权重	
	直接对比性	可直接对比	可直接对比	
	表征完整性和分析难度	仅限于学者实体，对相关影响因素刻画不足；分析难度较小；准确率较低	仅限于论文实体，对相关影响因素刻画不足；分析难度较小；准确率较低	
	相关模型	（1）Common Neighbors、Admic Adar、Jaccard Coefficient、Preferential Attachment 等基于邻居节点的模型；（2）Shortest Path、Katz、FriendLink、Random Walk with Reastart 等基于路径相似的模型；（3）Line、Deepwalk、Node2vec、Edge2vec、SDNE、RandomWalk 等网络表示学习模型；（4）Word2Vec、Doc2vec、LDA2vec、BERT 等文本表示学习模型		
基于异构网络的协同预测	网络构成	包含学者的两种及以上类型的节点和关系	包含论文的两种及以上类型的节点和关系	包含学者、主题的两种及以上类型的节点和关系
	研究机理	科学复杂系统理论		
	方向与权重	混合方向；可赋权重	混合方向；可赋权重	混合方向；可赋权重
	直接对比性	不可直接对比	不可直接对比	不可直接对比
	表征完整性和分析难度	实体和关系类型越多，表征越完整，越能够刻画不同影响因素的综合作用，同时分析难度也就越大		
	相关模型	（1）分别转化为同构网络进行预测；（2）Metapath2vec、W-Metapath2vec、TransPath 等基于元路径的模型；（3）CCMF、CATA、DCPR、ILSTM 等广度学习模型；（4）LGNN、GGS-NN、GPNN 等基于空间方法的 GNN 模型；（5）SpectralGCN、ChebNets 等基于谱方法的 GNN 模型；（6）GraphGAN、MolGAN、DVNE 等基于生成方法的 GNN 模型		

1. 基于同构网络的链路预测

同构网络强调网络中节点的类型和关系的类型均只有一种，如引用行为和合作行为分别只有论文和学者一类节点，只有引用和合作一种关系。在同构网络中，关系有权重之分，却没有类型差异，各节点和关系具有直接可比性，因此可以从网络拓扑结构直接推理论文节点之间产生引用关系的可能性，以及学者之间产生合作关系的可能性。在引用行为预测中，目前主要集中在网络结构属性以及时间、内容相似性等属性方面。在合作行为预测中，主要在合作网络的拓扑结构推理基础上加入作者的属性特征，如学者的机构、地理位置、研究主题、学术声望、学术年龄等，在结构相似性计算的基础上综合内容相似性对合作关系进行预测。

同构网络是科学复杂网络的片面表征，虽然在链路预测方面较为直观和简洁，但是其表征能力十分有限，引用行为的直观表现是引文网络，但是引文网络的背后是学者层面的主观判断，因此如果不能有效刻画学者等其他因素对引用关系的影响，其预测势必将大打折扣。同理，合作行为也不仅仅是学者层面的活动，也可能是机构、国家以及科学创新内容演化等综合影响下的行为。由此可见，该模式仍存在较大弊端，如何规避这种不足是基于同构网络进行科学行为预测的关键。

2. 基于异构网络的协同预测

异构网络强调网络包含两种及两种以上类型的节点或关系，例如，选题行为所表现出的主题与学者二模网络，主题和学者两种不同类型的节点出现在同一个网络中。此时，由于不同类型的节点或关系没有直接可比性，基于网络拓扑结构的关系推理也就不再可行。相比同构网络在表征能力方面的局限性，异构网络在表征方面具有一定的优势，但是原本基于拓扑结构的算法受到很大局限。目前，基于异构网络的链路预测多通过转换为同构网络来进行，如通过 Meta-Path 抽取同构网络或基于 Meta-Path 原理设计的 Metapath2vec[1]、W-Metapath2vec[2]、TransPath[3] 等异构网络算法，借助 CCMF、ILSTM 等广度学习（Broad Learning）[4] 和 LGNN、GraphGAN 等图神经网络（Graph Neural Networks，

[1] Dong Y, Chawla N V, Swami A. Metapath2vec: Scalable representation learning for hetero-geneous networks[C]//Proceedings of the 23rd ACM SIGKDD International Conference on Knowledge Discovery and Data Mining. ACM, 2017: 135-144.

[2] Pham P, Do P. W-MetaPath2Vec: the topic-driven meta-path-based model for large-scaled con-tent-based heterogeneous information network representation learning [J]. Expert Systems with Applications, 2019: 328-344.

[3] Fang Y, Zhao X, Tan Z, et al. TransPath: representation learning for heterogeneous information networks via translation mechanism [J]. IEEE Access, 2018: 20712-20721.

[4] Zhang J, Yu P S. Broad learning: an emerging area in social network analysis [J]. ACM SIGKDD Explorations Newsletter, 2018, 20(1): 24-50.

GNN）[1] 对科学异构网络进行特征提取。

随着异构网络协同预测能力的提高，借助异构网络表征引用、合作、选题等综合行为是提高科学行为预测的必然，例如，通过联合表示学习的方法把对科学行为的预测转换为向量相似度度量，通过知识图谱把对科学行为的预测转换为知识图谱上的语义推理，在异构数据的基础上挖掘潜在的多源弱相关特征，从引用行为、合作行为、选题行为等科学行为相互影响和共同演化的视角，塑造多源异构数据融合的协同预测模式，逼近各主体的真实协同情况，综合提高科学行为预测的准确率。

3.5.2　科学行为预测中的数据支持

1. 数据广度以及跨学科数据

目前，引用、合作、选题等行为预测研究所用数据，主要集中在引文、合作、主题—学者等从科学文献中抽取的网络数据，科学文献有社科、自科、人文等学科之别，但是在以往的研究中经常取局部数据或者某一学科数据，由其所构建的引文网络、合作网络以及相关二模网络和异构网络都是局部和片面的。假设用 PageRank 等算法计算网络中节点的重要性，如果网络不够全面，则节点在全局网络中的位置和作用将不能被有效地衡量，计算结果势必存在较大误差，假设用 Node2vec 等表示学习算法提取特征，采样广度势必也会受到限制，极易以偏概全，得出不当结论[2]；当引文网络、合作网络等只是局限于某一学科时，跨学科的知识流动和传播就不能被有效地预测，跨学科以及融学科的科学合作关系也不能被合理地预测，学者在选题以及转换选题时也无法突破学科局限。由此可见，数据广度和跨学科数据问题是制约科学行为预测的重要问题。

针对上述数据问题，未来一方面应该优化局部网络抽取和构建的效度，由于全局网络的构建存在一定的难度，相关算法在处理全局网络时对算力要求极高，因此应尽可能缩小或消除网络规模对研究问题的影响，如通过滚雪球的方式尽可能地拓展引文和合作网络；另一方面应构建和共享全局网络数据，打破不同学科之间的壁垒，构建囊括全部学科的整体网络，如将 WOS、PubMed 等不同数据库中的数据同 ACM、DBLP 等现有网络融合，或者通过学科众包模式进行融合，

[1]　Xu K, Hu W, Leskovec J, et al. How powerful are graph neural networks[C]. International Conference on Learning Representations, 2019.

[2]　霍朝光，魏瑞斌，张斌．基于 PageRank 和 Node2vec 的研究热点与集群发现——以国际深度学习研究领域为例 [J]. 情报杂志，2020，39（8）：174-179.

在保证数据产权的前提下推动科研行为数据的共享，解析不同学科科学行为模式的共性和差异之处。

2. 多源异构数据融合

在拓展局部网络或者构建全局网络的过程中，另一个影响科学行为预测的数据问题就是多源异构数据的融合。一方面，不同学科数据融合时存在实体消歧和共指消解问题，对数据的预处理将直接影响科学复杂网络的结构[1]，例如，作者姓名消歧问题就是科研文献挖掘中的难点，虽然已有的方法为局部学科内的作者姓名消歧、机构名称消歧提供了借鉴[2]，但是面对全局网络其效度还有待验证[3]；在主题方面，限于不同学科在主题表述方式和内涵上的不同，以及主题自身语义的不断演化和丰富，目前仍然缺乏有效的主题共指消解方法。

另一方面，不同学科数据融合时存在学科隔阂问题，学科内部网络本身就比较稀疏，所有学科的全局网络将会更稀疏，甚至有些学科在关联构建环节就存在很多问题，因此如何将不同学科的主题以及学者统一在一个网络中仍然是相当困难的。多源异构数据融合旨在大规模或全面科学预测研究的优势和发展方向，因此可以尝试以各个学科的领域知识图谱以及通用知识图谱为基底，将不同学科的实体融入和关联起来，例如，以 MeSH、UMLS 等知识库为基底将生命科学、生物医学等不同学科的科学实体融合在一起，以 DBpedia 为基底将 WOS 以及不同语种科学实体融合在一起，构建学科知识大图（Big Graph）[4]，发挥多源异构融合的功效。

3.5.3　科学行为预测中的心理机制

科学行为是学者的一种主观行为，势必受到主观因素的影响。例如，引用动机、引用偏好等对引用行为的影响，合作动机、合作偏好对合作行为的影响，研究基础、选题偏好对选题行为的影响。研究证明，引用行为会受到知识主张、价值感知、信息源便利性、引用输出、引用重要性等动机的影响，从而选择高影响

[1]　Kim J, Diesner J. The effect of data pre-processing on understanding the evolution of collaboration networks [J]. Journal of Informetrics, 2015, 9(1): 226-236.

[2]　Wu L, Wang D, Evans J A, et al. Large teams develop and small teams disrupt science and technology [J]. Nature, 2019, 566(7744): 378-382.

[3]　霍朝光，司湘云，王婉如. 基于 Doc2vec 和 SVM 的作者姓名消歧研究——以 PubMed Central 为例 [J]. 情报科学，2021，39（7）：91-98.

[4]　马费成，张瑞，李志元. 大数据对情报学研究的影响 [J]. 图书情报知识，2018（5）：4-9.

因子和权威期刊上的论文进行引用,选择引用权威学者的成果[1][2]。引用行为是学者主体在论文内容质量、期刊声誉、机构声誉、学者声誉等客观因素影响下所做出的一种主观认知反应和情感反应[3]。同理,合作和选题等科学行为也会直接或间接地受到个体某种个性动机和偏好的影响。因此,对个体主观引用、合作以及选题等行为的预测将比单纯的引文、合作、选题等网络预测更加复杂,在以往链路预测的基础上,如何反应和整合学者个体节点的动机和行为偏好是进一步逼近现实、提升科学行为预测准确率的关键。

1. 动机视角下的行为预测

动机视角下的行为强调个体在某种心理因素下刻意为之的行为表现,动机视角下的科学行为则强调学者为实现特定目标或达到既定目的所做出的相应科学行为,例如,在引用行为中的互惠、修正观点、证明支持等动机,在合作行为中的声誉、互惠、自我实现、社交等动机,以及选题时的追踪热点、服务当下、突出研究前沿等动机。从引文、合作、主题等网络角度来看,基于复杂网络的行为预测是在现有基础上推理演化而来的,但是真实世界中是在学者动机驱动下所导致的跳跃或非正常行为,并且这种看似异常的行为是普遍存在并因人而异的,如何将学者的个性动机融入相关科学行为预测中,揭示学者主观行为背后的规律,才是提升科学行为预测准确率的关键。当然,如何界定动机的合理性、规避不端动机,从学者成长需要和学科生态发展的角度预测并指导学者的科学行为,为学者推荐文献、合作者和选题,才是动机视角下科学行为预测的重中之重。

2. 行为偏好视角下的预测

行为偏好强调个体在不自觉或潜意识中的行为表现,偏好视角下的科学行为强调学者在客观或主观因素的影响下,由于某种偏好所做出的相应科学行为,例如,在引用和合作时往往会倾向地理邻近、经济邻近、实力邻近以及机构邻近的论文和学者[4]。既然是一种偏好,那么必然会呈现出一定的规律使其有章可循。目前,关于引用和合作行为偏好的研究相对较多,但仍处于规律发现阶段,将其

---

[1] Kim H J, Jeong Y K, Song M. Content- and proximity-based author co-citation analysis using citation sentences[J]. Journal of Informetrics, 2016, 10(4):954-966.

[2] Zhai Y, Ding Y, Wang F. Measuring the diffusion of an innovation: A citation analysis[J]. Journal of the Association for Information Science and Technology, 2018, 69(3): 368-379.

[3] 张敏,夏宇,刘晓彤. 科技引文行为的影响因素分析 [J]. 情报理论与实践,2017,40(4):72-77.

[4] 叶光辉,余中洁,李明倩. 多维邻近性对美国城市间科研协作的影响 [J]. 情报理论与实践,2020,43(11):86-91.

具体融入预测中的探讨还比较少。选题行为偏好研究虽然相对较少，但选题是否存在一定的偏好以及偏好所呈现的规律，是提升选题行为预测的重要方向。未来在引用、合作、选题等科学行为预测研究中，如何度量学者节点个体的行为偏好，如何把这种偏好刻画到相关预测模型，也是提升科学行为预测的重要方面。

3.6　本章小结

复杂网络视域下的科学行为预测是基于科学复杂系统理论对复杂网络中科学行为关系的预测，是在科学行为有规律可循的假设前提下依据普适规律展开的预测，强调对科学行为进行更美好的预见。本章围绕引用、合作、选题 3 种科学行为，归纳了各预测研究的视角和模式，指出选题、合作、引用等科学行为预测在数据广度、跨学科数据、多源异构数据融合等方面的不足，凝练了同构网络链路预测与异构网络协同预测两种科学行为预测方法体系，建议复杂网络视域下的科学行为预测进一步反映和整合学者个体节点的动机和行为偏好等心理机制，解锁或量化更多科学行为关系，进一步完善科学复杂网络对科学行为的表征，突破表征局限以逼近现实，综合提升科学行为预测。

第 4 章

学科主题预测

学科主题预测是科学预测的重要方面之一。不同于学术前沿、热点主题等识别研究，强调从科学文献抽取专业术语，进而判断专业术语是否为前沿或热点主题，侧重对已经发生的现象进行识别，学科主题演化预测强调对学科主题的未来演化情况和趋势进行预测，侧重对未发生现象的预测，预测学科主题是否会演化为前沿或热点等。

4.1　学科主题的内涵与刻画

学科主题预测首先要明确学科主题的内涵，即什么是学科主题。每个学科领域都有其研究对象、研究问题、研究方法、研究背景、理论体系等，这些整体构成一个学科的研究内容，我们将这些研究内容的主题归纳总结为学科主题（也称为研究选题、科学主题、科研主题，或简称为主题)，每个学科都有大量的学科主题。但是，这些研究内容归纳总结到什么程度最为合理，即学科主题是一句话，是一组词汇，还是单个词汇，却没有取得共识，各位专家学者各执一词。概括以往对于学科主题的界定和刻画，主要分专家定性概括的学科主题、定量词汇组合的学科主题、单一词汇表征层面的学科主题 3 个层面。

4.1.1　专家定性概括层面的学科主题

专家定性概括层面的学科主题强调主题表达的完整性和概括性，由专家根据科学文献或抽取的词汇概括凝练而成。例如，信息资源管理学科自 2019 年发起的中国图情档学界十大学术热点评选活动，依托学科领域各位专家学者的专业知识，每年通过推荐、投票、评选出信息资源管理学科十大学术研究热点[1]，这十大研究热点就隶属于信息资源管理学科主题，但是这种学科主题是完全通过专家学者质性、凝练、概括、总结出来的，例如，于 2022 年 12 月 31 日发布的"守正与创新：信息资源管理学科的建设与发展""元宇宙场域下图情档学科虚实融生的具象与意象""国家文化数字化战略与公共文化服务"等，这样的学科主题具有高度归纳总结性，概括着一个个研究领域，象征着一个个研究方向，这是由专家学者基于最新科学文献和专家知识所总结出来的学科主题。

---

[1] 闫慧，陈慧彤 . 国内外图情档领域学术热点比较研究：兼论学术热点与学科发展的协同关系 [J]. 情报资料工作，2022，43（2）: 5-13.

但是，①这样的学科主题同样具有很强的主观性，因为即使面对同样一批科学文献，不同专家学者总结出来的学科主题在用词方面仍可能会出现偏差。②学科主题有的过于概括，不够具象，如"守正与创新：信息资源管理学科的建设与发展"，这是一个非常宏观和概括性的主题，守正与创新永远象征着信息资源管理学科的发展基调，但是对于指导学者开展具体的研究还有待细化。③专家成本太高，针对海量学科数据不具实操性。十大学术研究热点评选首先要求学者推荐主题，并且要求书写一定篇幅的推荐语，再由众多专家学者投票评选，对于海量学科数据，专家成本太高，不具实操性。

4.1.2　定量词汇组合层面的学科主题

定量词汇组合层面的学科主题强调学科主题由多个词汇组成，但不具有严密的语法逻辑结构。虽然专家定性概括层面的学科主题也是由词汇构成的，但是专家定性概括层面的学科主题具有清晰的语义关系和句法结构，而定量词汇组合层面的学科主题只有其所构成的词汇：①例如，基于共词网络进行聚类和社群探测所形成的学科主题，每个节点都是一个词汇，根据词汇的共现关系以及引文、合著等其他关联关系将多个词汇节点聚集在一起，从而形成一个学科主题[1][2]，但是词汇之间只有共现关系，没有严密的语法关系；②例如，基于 LDA、DTM、Dirichlet-Multinomial regression (DMR)、PhraseLDA 等方法抽取的学科主题[3][4][5][6][7]，这样的学科主题是由多个抽取出来的词汇组合而成的，但词汇之间的语义句法关系没有，只限于用这几个词汇表征学科主题。

[1] 许海云，武华维，罗瑞，等 . 基于多元关系融合的科技文本主题识别方法研究 [J]. 中国图书馆学报，2019，45（1）：82-94.

[2] 黄菡，王晓光，王依蒙 . 复杂网络视角下的研究主题学科交叉测度研究 [J]. 图书情报工作，2022，66（19）：99-109.

[3] 霍朝光，董克，司湘云 . 国内外 LIS 学科主题热度演化分析与预测 [J]. 图书情报知识，2021（2）：35-47.

[4] 叶光辉，彭泽，毕崇武，等 ."数字人文"领域科研协作知识交流中的学科交叉与地域交叉测度分析 [J]. 情报学报，2022，41（5）：512-524.

[5] 吕璐成，周健，王学昭，等 . 基于双层主题模型的技术演化分析框架及其应用 [J]. 数据分析与知识发现，2022，6（Z1）：18-32.

[6] 张振青，孙巍 . 基于特征测度和 PhraseLDA 模型的领域学科交叉主题识别研究：以纳米技术的农业环境应用领域为例 [J]. 数据分析与知识发现，2023，7（7）：32-45.

[7] Kim H, Park H, Song M. Developing a topic-driven method for interdisciplinarity analysis[J]. Journal of Informetrics, 2022, 16(2): 101-255.

定量词汇组合层面的学科主题强调有一定量的词汇组合，但其数量没有统一标准，存在较大随机性和主观性。其一，如聚类、社群探测算法等，其聚类系数设定没有统一标准，设置不同的社群解析度，聚类出来的社群差别较大，对于概括出来的学科主题影响很大[1]。其二，如 LDA 等主题模型，根据困惑度来确定学科主题数量，这种数量确定方法稳定性很差，往往偏大导致抽取的主题很空泛，并且 LDA 主题模型是根据输入整体文献相对区分确定的主题，同一篇文献在不同数据集中训练的结果可能大相径庭[2]；根据一致性的学科主题确定方法，对于低频次词汇测量效果很差，对于出现频次较少的学科主题根本无法表征[3]。

4.1.3 单一词汇表征层面的学科主题

单一词汇表征层面的学科主题强调一个词语代表一个学科主题，一篇科学文献由多个学科主题共同构成。例如，应用最为广泛的关键词，均将单一词汇作为一个学科主题[4]，而不像定量词汇组合那样需要几个关键词组合构成，也无须专家概括总结成句，此种层面的学科主题粒度相对较细，但仍然是对科学文献研究问题、研究理论、研究方法等的概括总结。

单一词汇表征层面的学科主题的关键在于词汇的表现力，例如：①作者自标注的作者关键词（Author Keywords），其被视作对科学文献内容最为准确的词汇选取方法，因为这是作者对自己研究内容的总结，如其所研究的问题、研究方法、理论基础、创新点等，相对而言作者最清楚自己要表达的研究，因此被广泛应用。但是并不是所有期刊文献都有作者关键词，如 *JASIST* 期刊没有作者关键词，因此也不能完全仅靠作者关键词。②算法抽取的主题词汇是从科学文献的题目、摘要、关键词甚至全文中抽取的词汇，相关抽取方法可借鉴 DMR、BiLSTM-CNN 等词汇抽取模型，不同于主题模型将几个词汇视作一个主题，而是将每个抽取概率值较大的词汇视作一个学科主题。③系统分配的主题词，如

[1] 吴江，王凯利，董克，等.信息计量领域网络分析方法应用研究综述 [J]. 情报学报，2021，40（10）：1118-1128.

[2] 张东鑫，张敏.图情领域 LDA 主题模型应用研究进展述评 [J]. 图书情报知识，2022，39（6）：143-157.

[3] Sharma A, Rana N P, Nunkoo R. Fifty years of information management research: A conceptual structure analysis using structural topic modeling[J]. International Journal of Information Management, 2021, 58: 102-316.

[4] 霍朝光，魏瑞斌，张斌.基于 PageRank 和 Node2vec 的研究热点与集群发现：以国际深度学习研究领域为例 [J]. 情报杂志，2020，39（8）：174-179.

PubMed、PubMed Central 系统中，每篇文献都由专家手工分配主题词汇，但是这些主题词汇的粒度存在较大差异，如存在大量像 Adult、Middle Aged、Algorithms、Software、Metabolism 等比较笼统的词汇，不同科学文献所分配的词汇数量也不等，主题词汇层级也不同，究其根本在于其所依据的是 MeSH 中 2.8 万（每年更新）多个主题词汇[1]。综合来看，将作者关键词和抽取的主题词汇整合使用效果最佳。

综上所述，三种层面的学科主题，其概括程度由高到低，其表征的知识粒度由粗到细，三种层面概括的学科主题各有利弊，但是针对海量的科学文献知识，基于单一词汇概括总结的学科主题相对粒度较细，更具实操性，同时也最能反映学科主题的变化。

4.2　学科主题发展态势预测

以往学科主题演化预测主要从定性和定量两个角度展开，其研究内容主要包括学科主题未来发展态势预测、学科主题之间关系预测两方面，主要框架如图 4-1 所示。

定性视角学科主题发展态势预测。从定性角度展开的预测研究侧重在学科主题演化分析的基础上人工研判学科主题的未来发展态势，是结合对主题和学科发展状况的认知所表达的一种主观看法，如演进图、冲积图、演化路径、科学知识图谱、技术研判矩阵等，结合演化轨迹的走势情况，预判学科主题未来会以何种状态发展以及保持何种活跃度。定性研究往往通过划分时间片构建学科主题的历史演化图，结合发展趋势研判学科主题的未来走势，比较依赖学者或者专家的主观认知，这种基于学科主题演化轨迹进行人工预判的定性分析模式虽然具有较强的领域知识背景，但也容易受领域信息的限制，尤其是面对海量、低密度、动态的科研数据，专家成本也将进一步提高，及时性和准确性也变得难以保证。

定量视角学科主题发展态势预测。从定量角度展开的预测研究的首要任务是构建能够象征主题状态的相关指标，借助量化指标开展预测研究，如基于学科主题出现频次衍生出来的相关指标、基于主题模型衍生出来的相关指标、基于引证关系衍生出来的相关指标、基于替代计量衍生出来的相关指标。

---

[1] Huo C, Ma S, Liu X. Hotness prediction of scientific topics based on a bibliographic knowledge graph[J]. Information Processing & Management, 2022, 59(4): 102-980.

学科主题预测

定性

定量

（1）学科主题发展态势预测

（2）学科主题关系预测

冲积图
演进图
科学知识图谱
演化路径
技术研判矩阵
孔多塞交叉对比矩阵

基于主题频次的发展态势预测
基于主题模型的发展态势预测
基于引证关系的发展态势预测
基于替代计量的发展态势预测
基于共词网络的关系预测

主题热度
主题新颖度
LDA
DTM
总被引频次
引文网络结构
关注热度
关注强度
共现关系
耦合关系

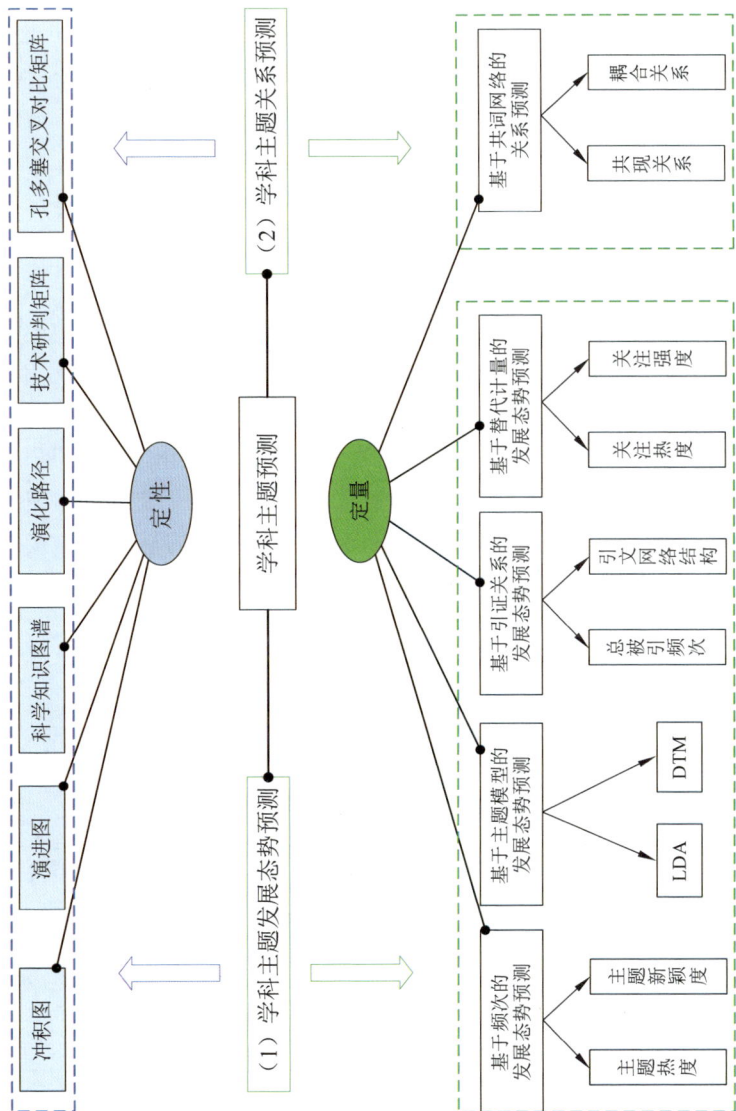

图 4-1　国内外学科主题预测研究主要框架

4.2.1　基于学科主题出现频次衍生出来的相关指标

基于学科主题出现频次衍生出来的相关指标，比较看重学科主题在科学文献中出现的次数，例如，结合学科主题出现频次和期刊影响因子所构建的学科主题流行度指标（Topic Popularity Computing Model based on JIF，TP-JIF）[1]，在学科主题出现频次的基础上结合被引证的关系，构建学科主题热度指标（Hotness of Scientific Topics）[2]。也有学者直接以作者关键词频次（Author-defined Keyword Frequency）为指标，对学科主题未来的出现频次进行预测 [3]。

4.2.2　基于主题模型衍生出来的相关指标

基于主题模型衍生出来的相关指标强调在主题模型概率值的基础上结合其他方法进行预测，例如，Zhu 等（2017）采用 LDA 主题模型将文本划分为不同时间段，从而生成主题的动态演化路径，以预测主题的变化。陈伟等（2018）在利用 Viterbi 算法识别专业术语的基础上，结合 LDA 模型和 HMM 对主题未来趋势进行预测。李静等（2019）在 LDA 主题模型的基础上，利用支持向量机（SVM）模型预测主题趋势。叶光辉等（2022）在 LDA 主题模型的基础上，接入 BP 神经网络和 SVR 对主题未来趋势进行预测 [4]。

4.2.3　基于引证关系衍生出来的相关指标

基于引证指标的预测强调将学科主题、论文等的发展态势转换为引文预测（Citation Prediction），综合各方面的特征构建模型预测引证的数量等 [5]。但是，科学论文的引文分布形式参差不齐，并且还会受到各种因素的影响，单纯从引文

[1]　霍朝光，霍帆帆，董克 . 基于 LSTM 神经网络的学科主题热度预测模型 [J]. 图书情报知识，2021（2）：25-34.

[2]　Huo C, Ma S, Liu X. Hotness prediction of scientific topics based on a bibliographic knowledge graph[J]. Information Processing & Management, 2022, 59(4): 102-980.

[3]　Lu W, Huang S, Yang J, et al. Detecting research topic trends by author-defined keyword frequency[J]. Information Processing & Management, 2021, 58(4): 102-594.

[4]　叶光辉，彭泽，毕崇武，等 . "数字人文" 领域科研协作知识交流中的学科交叉与地域交叉测度分析 [J]. 情报学报，2022，41（5）：512-524.

[5]　Li X, Tang X, Cheng Q. Predicting the clinical citation count of biomedical papers using multilayer perceptron neural network[J]. Journal of Informetrics, 2022, 16(4): 101-333.

历史序列数据很难解析引文的变化规律，因此，研究人员一般综合其他特征预测论文引文的变化，如文献计量特征、出版物的内在质量、老化效应、马太效应等[1][2]。

4.2.4　基于替代计量衍生出来的相关指标

基于替代计量衍生出来的相关指标强调从替代计量相关指数的变动中反映学科主题未来的发展态势。替代计量（Altmetrics）强调追踪科学文献、主题在网络社交媒体和学术型社交媒体平台等的传播与热议的状态来反映科学成果的社会影响力，与引证指标相比，时效性更高[3]。研究表明，公众对科学文献的情感与被引量呈显著正相关，人们在社交媒体中关于研究成果提及的次数、讨论的情感极性和情感值有助于综合预测论文的影响力[4][5]，当然也可以通过论文特征预测其在社交媒体中的可见性[6]。由此可见，替代计量相关指标和引证相关指标对学科主题以及论文发展态势预测均具有一定的作用。

综上所述，已有学科主题预测研究主要存在以下 3 点不足：其一，学科主题本身变化极为复杂，学科主题发展或陨落时间序列相对较短，传统的统计回归方法存在很大弊端，例如，ARIMA、VAR 等传统时间序列模型，其首要前提是对时间序列数据进行平稳性检验和异方差检验，对不满足平稳性的数据需要进行 d 阶差分处理等，已经改变了原始数据，并且高阶差分往往要求更长的时间序列；其二，学科主题状态是连续的，不应该简单地划分冷、热等几种有限的状态以及人为主观划分的新兴、成熟等有限类型，以及在几种状态之间的概率转移；其三，单纯地依据主题出现的频次或概率来衡量学科主题状态忽略了同一学科主题刊发

[1] Thelwall M. Can the quality of published academic journal articles be assessed with machine learning?[J]. Quantitative Science Studies, 2022, 3(1): 208-226.

[2] Croft W L, Sack J R. Predicting the citation count and CiteScore of journals one year in advance[J]. Journal of Informetrics, 2022, 16(4): 101-349.

[3] Llewellyn NM, Nehl EJ. Predicting citation impact from altmetric attention in clinical and translational research: Do big splashes lead to ripple effects?[J]. Clinical and Translational Science, 2022, 15(6): 1387-1392.

[4] Hassan S U, Aljohani N R, Idrees N, et al. Predicting literature's early impact with sentiment analysis in Twitter[J]. Knowledge-Based Systems, 2020, 192: 105-383.

[5] Akella A P, Alhoori H, Kondamudi P R, et al. Early indicators of scientific impact: Predicting citations with altmetrics[J]. Journal of Informetrics, 2021, 15(2): 101-128.

[6] 李纲，管为栋，马亚雪，等 . 学术论文的社交媒体可见性预测研究 [J]. 数据分析与知识发现，2020，4（8）：63-74.

在不同级别学术期刊上所产生的学科影响力差异，不能有效表征学科主题的发展态势。

4.3　学科主题关系预测

学科主题之间的关系是非常复杂的，所以学者对学科主题之间关系的预测通常围绕某一种展开，如学科主题之间的共现关系。共现表示两个学科主题同时在一篇文章中出现，表示这两个学科主题产生了碰撞和交叉，表示学者在将这两个主题放在一起研究，象征一种知识重组创新，如将新的理论与已有的问题结合，形成基于新理论的问题解决思路；如将新的方法与已有的问题结合，形成基于新方法的问题解决模式；如将新的情境与原有研究结合，形成基于新情境下的研究创新。在对共现关系预测时，通常借助共词网络来展开，例如，Behrouze 等（2020）基于系统分配和编辑校准的文章关键词，构建了关键词共词网络，并利用链路预测相关模型对关键词之间的共现关系进行了预测[1]。Xiong 等（2022）[2]基于作者关键词（Author-Assigned Keywords），在构建关键词共词网络和网络拓扑结构特征的基础上，融入节点关键词的语义内容特征，以国际图书情报领域数据为例，对关键词之间的链路关系进行了预测。

4.3.1　基于链路预测的学科主题关系预测

基于链路预测的学科主题关系预测强调在共词网络、相似网络等基础上以链路预测的方式实现主题之间关系的预测。项欣等（2019）在网络微观机制分析基础上，以作者—关键词网络为例进行预测，揭露了同构网络刻画能力的局限性。宫雪和崔雷（2018）以医学主题词共词网络为例，通过计算公共近邻、最短路径等值将学科主题链路预测转换为分类问题，利用朴素贝叶斯、SMO、J48 决策树等算法进行分类预测。刘俊婉等（2019）则在 LDA 主题模型的基础上，通过计算主题之间的共现强度构建主题相似网络，进一步用链路预测的方法对主题网络

[1]　Behrouzi S, Sarmoor Z S, Hajsadeghi K, et al. Predicting scientific research trends based on link prediction in keyword networks[J]. Journal of Informetrics, 2020, 14(4): 101-179.

[2]　Xiong T, Zhou L, Zhao Y, et al. Mining semantic information of co-word network to improve link prediction performance[J]. Scientometrics, 2022, 127(6): 2981-3004.

进行了预测。Zhu 和 Zhang（2020）则提出在共词网络的基础上计算词与词之间的语义相似性，通过构建词语语义关联矩阵（Word-to-word Semantic Relevance Matrix）进行演化预测分析。

4.3.2　基于学术实体相互作用的学科主题关系预测

利用学术实体之间的相互作用进行演化预测。Szántó-Várnagy 等（2018）强调主题之间是相互作用、协同发展的，有些主题发展和消退的过程十分迅速，有些主题则在学科知识背景中有着复杂的交互活动并保持着稳定的状态，因此对于某些主题的预测，可以借助其与稳定学科主题之间的关系来开展，当与主题相似的关键词不断出现或增长时，主题可能就会随之增长，相反就会消退隐落，主题之间是一个有权重、双向的网络，主题之间相互影响，并且作用力度强弱不一。Jiang 等（2018）强调段位不同的学者其研究选题的重要性是不一样的，权威学者的研究选题更容易成为后期热点，学科主题未来的变化会受到作者的影响。Porter 等（2019）利用学科主题与作者、机构等的作用关系，通过计算主题的突现分数预测学科主题的变化，甚至反向预测作者和机构的变化[1]。

4.4　本 章 小 结

学科主题预测断然不是预测一个凭空出现的新主题（新节点），而是对已经出现的主题的未来发展趋势进行预测，对已经出现的主题的交叉关系进行预测。鉴于目前关于学科交叉主题的预测还很少，本章介绍了普通学科主题预测的相关研究，主要包括学科主题未来发展态势预测、学科主题之间关系的预测两方面，其研究视角又主要从定性、定量两个角度分别展开。研究发现，当前关于学科主题预测的研究仍存在以下问题和提升空间。

（1）在学科主题关系刻画方面，相对于专家定性概括层面的学科主题和定量词汇组合层面的学科主题，针对海量的科学文献，单一词汇表征层面的学科主题的表示粒度相对较细，可在保证主题概括性、代表性的基础上细化对知识点的表示，在开展学科交叉主题识别和预测研究方面最易量化、最为客观、最具实操性。

[1]　Porter A L, Garner J, Carley S F, et al. Emergence scoring to identify frontier R&D topics and key players[J]. Technological Forecasting and Social Change, 2019, 146: 628-643.

但是以单一或部分数据解析学科主题演化规律存在明显不足，缺乏对学科主题的全面表征，共词网络、引文网络以及主题模型等都只专注于学科主题的某一维度数据，只专注于某一学科内容，缺乏对学科主题真实环境的全面刻画，缺乏对不同学科主题的全面关联，而如何刻画学科主题所在环境的复杂关系，提升对学科主题的全面表征和关联，才是揭示学科主题演化规律并进行预测的关键。

（2）以往定性学科主题预测过于依赖学科或领域专家，其基于学科主题演化轨迹进行人工预判的模式易被主观认知局限，尤其是面对海量、低密度、动态的科学数据，专家成本进一步提高，及时性和准确性也显得不足，而量化学科主题演化预测借助海量数据开展数据密集型预测研究，能及时推动科学研究。

（3）以往定量学科主题预测研究主要侧重学科主题自身变化，易受学科主题自身演化不规律以及自身时间序列短的局限，单一维度数据和单一方法在预测学科主题的复杂变化方面明显不足，而如何融合学科主题的多源多维数据，合理转换学科主题演化预测思路，综合运用科学研究方法进行异构网络协同挖掘和预测，才是提升学科主题预测能力的关键。其中，图机器学习和知识大图将分别为预测技术和学科知识关联提供方法、技术支持。对于学科交叉发展态势预测，时空图机器学习相关模型和算法将为其提供强有力的特征学习、图表征方式，而知识大图将为其提供全面且足够庞大的知识关联，并提供影响因素。对于学科主题关系预测，异构图机器学习模型和算法将为其提供处理和学习多源异构特征的方式，而知识大图则将为其提供足够多源的潜在关系，助其发现关系。

方法
实践篇

第 5 章

基于 LSTM 神经网络的学科主题热度预测

　　作为科学预测的重要组成部分，学科主题热度预测旨在揭示学术前沿和发展趋势，辅助学者发现前沿选题，支持科研管理机构科学立项。针对此问题，本章提出基于期刊影响因子的学科主题热度计算指标（TP-JIF），构建基于 LSTM 神经网络的学科主题热度预测模型（TPP-LSTM），以 LIS 领域数据为例，通过时间切片的形式抽取、计算学科主题的热度序列，检验不同长度时间序列时模型的各项误差。研究发现，相对于 RBF-SVM、Linear-SVM、KNN、Naive Bayesian 等模型，TPP-LSTM 预测模型可有效表征学科主题热度时间序列的特性，当时间序列长度为 4 年时，预测效果相对较好。本章提出的基于期刊影响因子的学科主题热度计算指标规避了单纯依据频率计算热度的弊端，有效刻画了不同学术刊物对学科影响的差异；构建的学科主题热度预测模型有效表征了学科主题的时间序列变化规律，减小了各项预测误差。

5.1　引　　言

　　学科主题代表各个学科或领域的核心知识，学科主题的演化在一定程度上表达了学科知识的变化更新以及学科知识体系的系统发展。学科主题演化不仅包括学科主题随着时间的状态演化，如热门学科主题、新兴学科主题、成熟型学科主题、冷门学科主题等演化，还包括学科主题之间关系的演化，如学科主题之间的融合、分裂、继承等 [1]。学科主题热度预测是对学科主题状态的一种预测，强调以热度来衡量和代表学科主题所处的状态，以热度表示学者对学科主题的关注程度以及学科主题的研究体量，并通过对热度数值的预测来预判未来的学术前沿和趋势。

　　学科主题热度预测是科学预测研究的重要组成部分，也是数据密集型第四科学研究范式的典型应用 [2]。20 世纪以前，针对科学的预测主要依赖专家决策，由于受数据限制，相关研究侧重定性预测，但科学发展是一个不断演化的生态系统，面对海量科研数据，定性预测的研究成本巨大，在及时性和有效性方面存在明显的缺陷 [3]。现代科学影响力预测强调数据驱动的量化预测研究，强调如何协同多维海量数据提升预测水平 [4]，可以有效弥补定性预测研究的不足。

[1]　马费成，刘向 . 科学知识网络的演化模型 [J]. 系统工程理论与实践，2013，33（2）：437-443.

[2]　Clauset A, Larremore D B, Sinatra R. Data-driven Predictions in the Science of Science[J]. Science, 2017, 355(6324): 477-480.

[3]　Fortunato S, Bergstrom C T, Borner K, et al. Science of science[J]. Science, 2018, 359(6379).

[4]　Montans F J, Chinesta F, Gomezbombarelli R, et al. Data-driven Modeling and Learning in Science and Engineering[J]. Comptes Rendus Mecanique, 2019, 347(11): 845-855.

现有的依据出现频次和概率的热度计算方式常常忽略同一主题刊发在不同级别期刊上所产生的学科影响力的差异，将刊发在不同期刊上的同一主题热度等同视之，由此造成主题热度计算偏差。为了弥补该缺陷，同时规避以往学科主题有限状态划分、主观学科主题发展趋势分类等不足，本书提出融合期刊影响因子的学科主题热度计算模型。进一步地，基于此热度计算模型，本书利用长短期记忆（LSTM）神经网络所具有的长期记忆能力来表征学科主题热度演化的时间序列特性，构建基于 LSTM 的学科主题热度预测模型。最后以国际图书馆与信息科学（Library and Information Science，LIS）领域的数据为例，训练和优化模型，并与其他模型进行比较。

5.2 研 究 设 计

相对于以往单纯依据出现频次和概率的热度计算方式，本章提出融合期刊影响因子的学科主题热度计算模型，同一主题刊发在不同级别期刊上所产生的学科影响力是完全不同的，规避了以往学科主题有限状态划分、主观学科主题发展趋势分类等不足。基于此热度计算模型，本章构建基于长短期记忆神经网络的学科主题热度预测模型，利用 LSTM 所具有的长期记忆能力表征学科主题热度演化的时间序列特性，并以国际图书与情报领域的数据为例，通过抽取学科主题训练和优化模型，预测 LIS 领域学科主题未来的热度，主要分为学科主题抽取、学科主题热度计算、学科主题热度预测三部分，研究总体流程如图 5-1 所示。

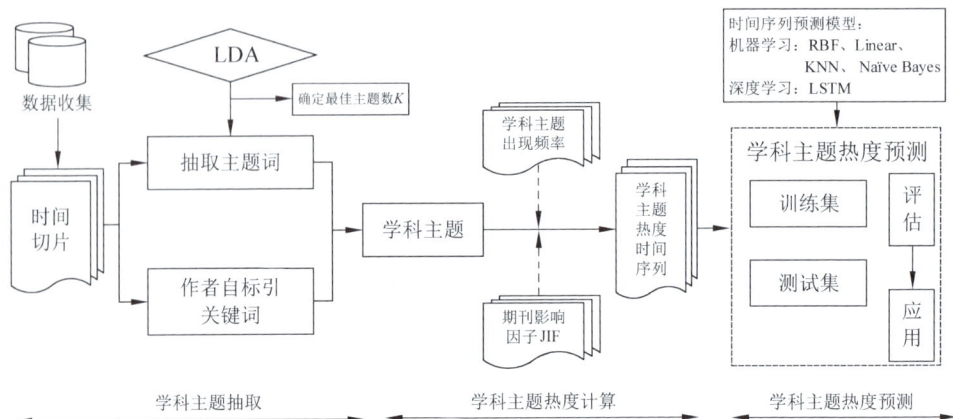

图 5-1 学科主题热度预测流程

5.2.1　基于 LDA 模型的学科主题抽取

LDA（Latent Dirichlet Allocation）是由 Blei 提出一种基于三层贝叶斯概率模型的主题模型，强调通过词语、主题、文档 3 层结构，为每个文档生成主题分布，依据主题分布多项式生成各种词的主题，最后围绕每个主题生成对应的词语[1]。在利用 LDA 进行主题聚类时，如何确定文档集中的总主题数是一个关键问题，通常借由困惑度（Perplexity）指标来衡量，困惑度是由 David 提出的用来衡量语言模型优劣的指标，详细计算公式如下：

$$Perplexity(D) = \exp\left[-\left(\sum_{m=1}^{M}\sum_{n=1}^{N_m}\log\left(\sum_{k=1}^{k}p(z_k\mid d_m)p(w_n\mid z_k)\right)\right)/\sum_{m=1}^{M}N_m\right] \quad (5\text{-}1)$$

其中，D 为包含 M 篇文档的文档集，N_m 为第 m 篇文档的词项数量，K 为主题数目，$p(z_k|d_m)$ 为文档 d_m 中出现主题 Z_k 的概率，$p(W_n|Z_k)$ 为主题 Z_k 中出现单词 W_n 的概率，通常在未过拟合的情况下，困惑度越低表示主题数目越优，主题聚类效果也就越好。

5.2.2　基于期刊影响因子的学科主题热度计算模型

目前，学科主题热度计算主要有基于频次、基于度以及基于节点排序的方法。其中，应用最为广泛和主流的就是基于频次的热度计算方法，其完全根据学科主题出现的频次进行统计，出现频次高即为热点，例如，邱均平、张斌等依据主题词出现的频次分别对引文分析领域和档案学领域的热点进行排序[2][3]；基于度的热度计算主要综合主题在共词网络中的出度和入度（关键词共词网络没有方向），度值越大，主题与其他主题的关联越多，主题热度越高，是学科主题热度计算的另一种主要方法，例如，赵蓉英等通过中心度对国际图书情报领域研究热点进行排序[4]，Citespace、Gephi、Uninet、Sci2 等软件构建共词网络进行度、中心度等计算的热点排序研究，均隶属此类；基于节点排序的学科主题热度计算方法不仅强调主题的度和频次，而且强调主题与其他主题关联的质量，与其他热度

[1] 张瑞，董庆兴.基于 LDA-HMM 的知识流动模式发现研究 [J]. 情报科学，2020，38（6）：67-75.

[2] 邱均平，宋艳辉.引文分析领域研究热点前沿与高频作者的二维时空分析 [J]. 图书情报知识，2011（6）：18-24.

[3] 张斌，杨文.中国档案学研究热点与前沿问题探讨 [J]. 图书情报知识，2020（3）：28-40.

[4] 赵蓉英，余波.近三年国际图书情报学研究热点比较分析 [J]. 情报科学，2019，37（4）：3-9.

主题关联越多，越容易发展成为热点，例如，霍朝光等提出的基于全部关键词的 PageRank 主题热度计算模型有效规避了只选择部分高频关键词进行主题集群聚类的弊端[1]。

但是，单纯依据主题出现频次和主题之间的关系进行热度计算仍有不足，同一学科主题，在 *Nature*、*Science* 等期刊上出现一次，和在普通期刊上出现一次的分量是截然不同的，越是高影响力的期刊，学科主题出现时的权重应该越大。因此，本章提出基于期刊影响因子的学科主题热度模型（Topic Popularity Computing Model based on JIF，TP-JIF），期刊影响因子是对期刊整体水平的一个客观评价，同学科内期刊影响因子越高，往往发文越难，一般代表学者的学术水平越高，对学科的影响和贡献也就越大，因此，如果赋予出现在高影响力期刊上的学科主题一个高的权重，就能有效区分学科主题出现的影响，详细计算公式如下：

$$\text{Popularity}_t(\text{topic}) = \sum_j^J \text{JIF}_{jt} \times N_{tj}(\text{topic}) \tag{5-2}$$

其中，$\text{Popularity}_t(\text{topic})$ 表示学科主题 topic 于 t 时间段的热度，JIF_{jt} 表示 j 期刊于 t 时间段的影响因子，N_{tj} 表示主题 topic 于 t 时间段在期刊 j 上出现的频次，主题热度等于主题在所有期刊上出现的频次与期刊影响因子加权的总和。

5.2.3　基于 LSTM 的学科主题热度预测模型

LSTM 神经网络又称长短期记忆（Long Short-Term Memory，LSTM）神经网络，是深度学习递归神经网络（Recurrent Neural Network，RNN）的变体[2]。在众多深度学习模型中，RNN 率先将时序概念引入网络设计，在时序数据分析方面表现出较强的性能，但是随着时间的推移，RNN 会忘记之前的状态信息，即长期记忆能力不足，同时也会出现梯度消失、梯度爆炸等问题。LSTM 在 RNN 的基础上引入了门节点，如遗忘门（Forget Gate）、输入门（Input Gate）、输出门（Output Gate）等，通过门控制处理长距离依赖的时间序列数据，如图 5-2 所示。

在 LSTM 网络模型中是一个个 LSTM 单元，每个单元的内部结构如图 5-3 所示，每个单元都包含遗忘门函数、输入门函数、输出门函数等，数据经过 3 个

[1]　霍朝光，魏瑞斌，张斌．基于 PageRank 和 Node2vec 的研究热点与集群发现——以国际深度学习研究领域为例 [J].情报杂志，2020，39（8）：174-179.

[2]　欧阳红兵，黄亢，闫洪举．基于 LSTM 神经网络的金融时间序列预测 [J].中国管理科学，2020，28（4）：27-35.

函数处理输出更新后的状态，3 个函数详细机理如式（5-3）～式（5-8）。通过 3 个门，LSTM 不仅包含了单元之间的外部循环，而且包含了单元内部的自循环过程，从理论上来看可有效考虑学科主题热度时间序列数据的特性，学科主题热度是单向传播演化的，因此无须增加反向的 LSTM 网络。目前，LSTM 神经网络模型在金融时间序列、交通时间序列等方面的预测已经取得较好的效果。

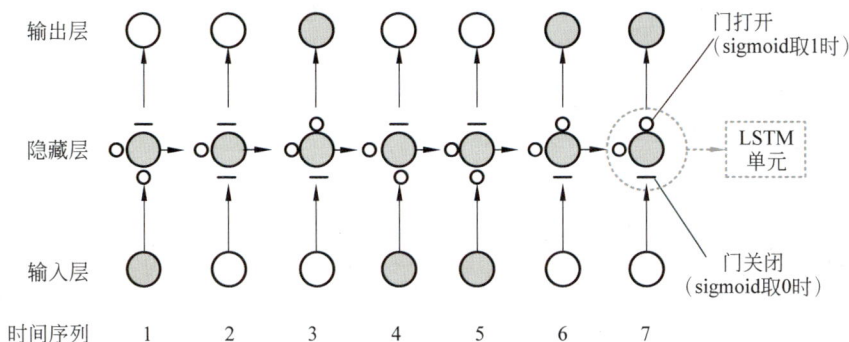

图 5-2　LSTM 网络模型

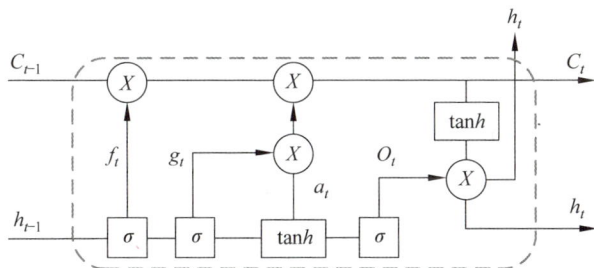

图 5-3　LSTM 单元

遗忘门：
$$f_t = \text{sigmoid}\left(b_f + w_f x_t + u_f h_{t-1}\right) \tag{5-3}$$

输入门：
$$g_t = \text{sigmoid}\left(b_g + w_g x_t + u_g h_{t-1}\right) \tag{5-4}$$

$$a_t = \tanh\left(b_a + w_a x_t + u_a h_{t-1}\right) \tag{5-5}$$

输出门：
$$C_t = C_{t-1} \times f^t + g_t \times a_t \tag{5-6}$$

$$o_t = \text{sigmoid}(w_o x_t + u_o h_{t-1} + b_o) \tag{5-7}$$

$$h_t = o_t \times \tanh(C_t) \tag{5-8}$$

学科主题的热度时间序列表征了学科主题的波动规律和变化趋势，因此只有能够有效映射变化序列的算法才有望掌握学科主题这种规律。相对于 SVM、KNN、Naive Bayesian 等算法，处理时间序列数据时会忽略变量的前后顺序，只不断调整参数以拟合多个变量、提高拟合优度、减低误差，LSTM 算法则可以映射变量出现的先后顺序。本章构建基于 LSTM 神经网络的学科主题热度预测模型（Topic Popularity Prediction Model based on Long Short-Term Memory，TPP-LSTM），通过深度学习训练超级参数，表征学科主题热度曲线所蕴含的复杂特征，通过 LSTM 单元内部的自循环机制表征学科主题热度演化的序列特性，以挖掘学科主题热度时间序列数据所蕴含的规律，提高学科主题热度预测的准确率。

5.3　数　据　处　理

5.3.1　数据收集

本章实验的数据包括 LIS 领域国外、国内期刊两方面的数据。其中，国外数据来源于 Web of Science Core Collection 数据库，检索方式为 [WC=Information Science & Library Science]，根据 "Full Record and Cited References（Plain Text）" 格式每次 500 条依次将所有数据导出，筛选 2000 年 1 月至 2020 年 6 月所有的 Article 和 Review 数据，共计 74 880 篇文献用于本章实验（检索时间为 2020 年 7 月 14 日）。

国内期刊数据限定在图情领域 20 本 CSSCI 来源期刊，通过 CNKI 依次下载选定期刊的数据共计 91 465 篇期刊文献（检索时间为 2020 年 11 月 6 日），中文期刊影响因子数据来源于中国科学文献计量评价研究中心发布的引证报告[1]。在数据清洗时，对于期刊名字发生变更的情况，通过人工处理进行关联（如《现代图书情报技术》更名为《数据分析与知识发现》、JASIST 全称发生变更），对于停刊或者新刊的期刊则只使用被收录期间的数据。

本章中的期刊影响因子数据来源于 Journal Citation Reports[2]，总计 104 本期

[1] 2020 中国学术期刊影响因子年报（人文社会科学）[EB/OL].[2020-12-18]. https://eval.cnki.net/News/ItemDetail?ID=bf0f7f5760594717bcedce862b9deb1a. (Annual Report for Chinese Academic Journal Impact Factors (Social Science) [EB/OL].[2020-12-18]. https://eval.cnki.net/News/ItemDetail?ID=bf0f7f5760594717bcedce862b9deb1a.)

[2] InCites Journal Citation Reports [EB/OL].[2020-07-18]. http://jcr-clarivate-com-s.vpn.ruc.edu.cn/JCRJournalHomeAction.action.

刊 20 多年来的期刊影响因子，对于期刊名字发生变更的，手动进行关联；对于停刊或者新刊情况，只利用其有效期内的数据。

5.3.2　学科主题抽取

本章学科主题主要由作者自标引的关键词和 LDA 主题模型抽取的主题词构成。其中，作者自标引的关键词是作者自己对全文核心知识点的高度归纳和总结，相对于任何自动抽取模型或算法，作者自标引的关键词是作者对论文内容深层次的质性分析，因此本章首先从每一篇论文中抽取作者自标引的关键词，并将其分别作为一个个学科主题。

对于缺乏作者自标引关键词的论文，本章采用 LDA 主题模型从摘要和题目中为每一篇论文抽取学科主题。LDA 主题模型是分词基础上的主题抽取，分词的完整性和准确性直接影响抽取主题的实际意义。因此，本章在分词时，将所有作者自标引的关键词添加到分词字典中，以确保机器更加倚重作者定义的关键词作为一个术语。然后，利用 LDA 主题模型对全部分词后的数据进行训练，通过预训练观察困惑度变化选择最优的主题数目，随着主题数目的增加，在没有过拟合的前提下，困惑度会不断下降，但是当过拟合后，困惑度也会不断下降，因此需要找到充分拟合与过拟合的临界点，即困惑度下降后突然增加的点。如图 5-4 所示，当主题数目小于 90 时，困惑度呈直线型下降，在主题数目小于 3000 时，困惑度呈整体下降趋势，因此本章进一步划分区间，依次检验不同区间段时困惑度的变化情况，最终在 1230 处找到临界点，由此确定当主题数目为 1230 时，

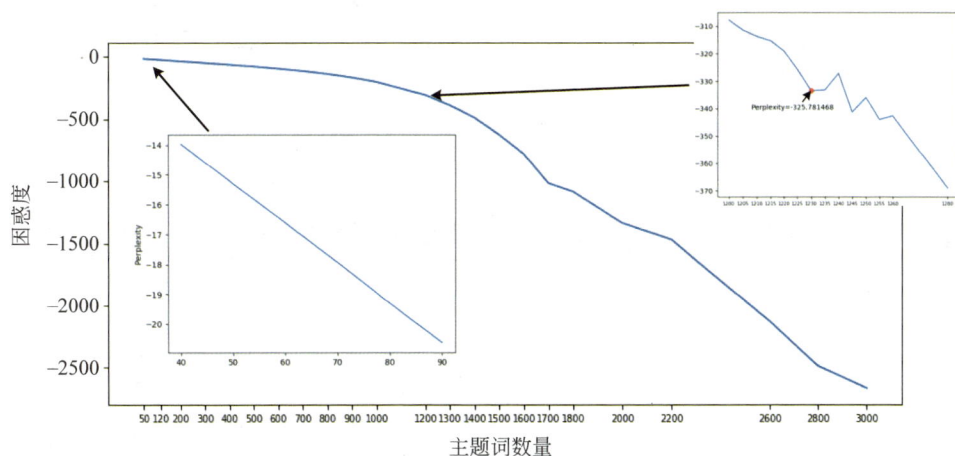

图 5-4　不同数目主题时的困惑度（Perplexity）

LDA 主题模型主题聚类效果最好；完成训练之后，输出每一篇论文的前 4 个术语作为该论文的学科主题。至此，共获得 65 204 个学科主题。

5.3.3 学科主题热度计算

本章采取时间片的形式分别计算不同时间段内学科主题的热度，设定每 6 个月为一个时间段（为有效划分季刊、双月刊等类型期刊数据），将 2000 年 1 月—2020 年 6 月的数据划分为 41 个时间段，依据本章提出的基于期刊影响因子的学科主题热度计算模型，对 65 204 个学科主题在各个时间片上出现时所属期刊的影响因子进行汇总，进行加权计算，获得 65 204 个主题在 2000 年 1 月—2020 年 6 月的热度曲线图，如图 5-5 所示。

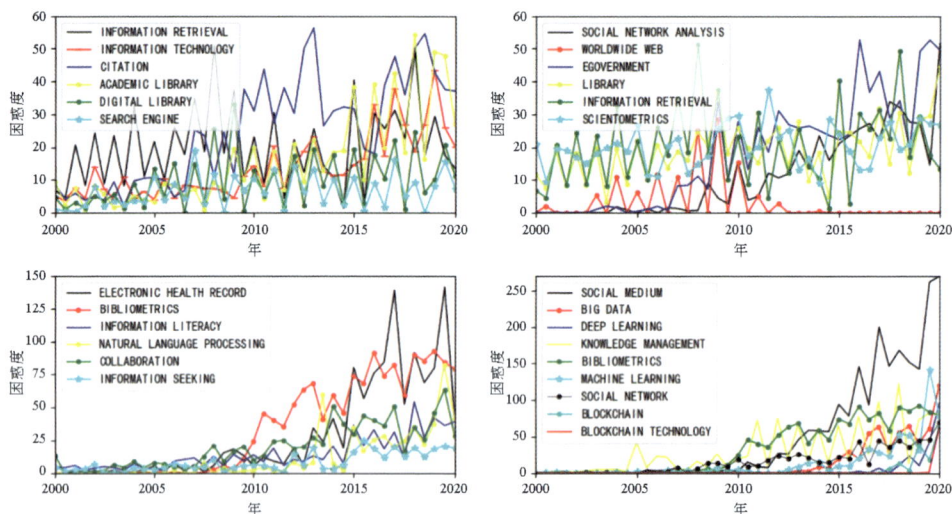

图 5-5　2000 年至 2020 年各学科主题热度演化情况（部分）

5.4　模型评价

在预测实验数据方面，本章进一步选取在 2019 年或 2020 年上半年非零的学科主题进行实验（热度值为 0 表示在该时间段上没有刊发关于此主题的论文），共计 8798 个学科主题，从最后一个时间片开始对 8798 学科主题分别各取 10 个时间段，即 87 980 个序列样本进行实验，根据 75%、25% 的比例随机分配训练集和测试集。在基线（Baseline）方面，本章选用高斯核函数（RBF-SVM）支持向量机、线性支持向量机（Linear-SVM）、K 近邻算法（KNN）、朴素贝叶斯模型（Naive Bayesian）等进行对比，检验基于 LSTM 神经网络的学科主题热度预测在学科主题热度时间序列预测方面的效果。

5.4.1　评价指标

本章利用 RMSE、MAE 指标评估预测的准确率。RMSE 代表根均方误差，是预测值和实际值偏差平方和与预测次数比值的平方根。MAE 代表平均绝对误差，是预测值和实际值绝对偏差和预测次数的比值，是绝对误差的平均值。RMSE 与 MAE 值越小，表示模型预测精度越高。R^2 越接近 1，表示模型拟合优度越大，模型预测效果越好。

$$\text{RMSE} = \sqrt{\frac{1}{n}\sum_{i=1}^{n}\left(\tilde{y}_i - y_i\right)^2}\ （y_i \text{ 表示实际值，} \tilde{y}_i \text{ 表示预测值，} n \text{ 表示预测次数}）$$

$$\text{MAE} = \frac{1}{n}\sum_{i=1}^{n}\left|\tilde{y}_i - y_i\right|\ （y_i \text{ 表示实际值，} \tilde{y}_i \text{ 表示预测值，} n \text{ 表示预测次数}）$$

$$R^2 = \frac{\sum_{n-1}^{N}(\tilde{y}_i - \bar{y}_i)}{\sum_{n-1}^{N}(\tilde{y}_i - y_i)}\ （y_i \text{ 表示实际值，} \tilde{y}_i \text{ 表示预测值，} \bar{y}_i \text{ 表示实际值的平均值}）$$

5.4.2　模型检验

本章使用 TensorFlow 框架和 Keras 模块构建 LSTM 模型，通过预训练选择设定 epochs 参数为 100，batch_size 为 300，optimizer 为 adam，最后经过近 40 小时的训练，最终各模型预测效果如图 5-6 和图 5-7 所示。从拟合优度来看，RBF-SVM 拟合效果最差，KNN、Linear-SVM、Naive Bayesian 等具有较好的拟合优度，尤其是在时间序列长度为 2 时，就提升到了较高的水平并保持稳定的状态，LSTM 的拟合优度在时间序列为 2 时也迅速提升到较高水平，但是随着输入时间序列的变化，LSTM 模型的拟合优度出现上下波动，甚至下降，由此可见，相对于其他模型一味地拟合每个变量达到最优，LSTM 对变量的时间序列更具敏感性，一旦时间序列顺序或者时间序列长度发生变化，拟合的效果均会发生变化。由此可见，只要选取合适长度的时间序列，模型效果就会达到较优，从图 5-6 中可见，当时间序列长度为 8 时，基于 LSTM 的学科主题热度预测模型拟合优度达到最高。

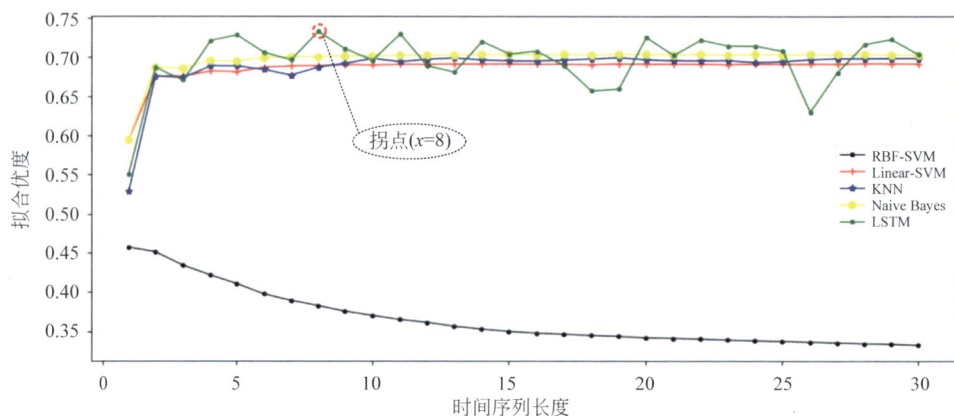

图 5-6　各预测模型拟合优度（R^2）

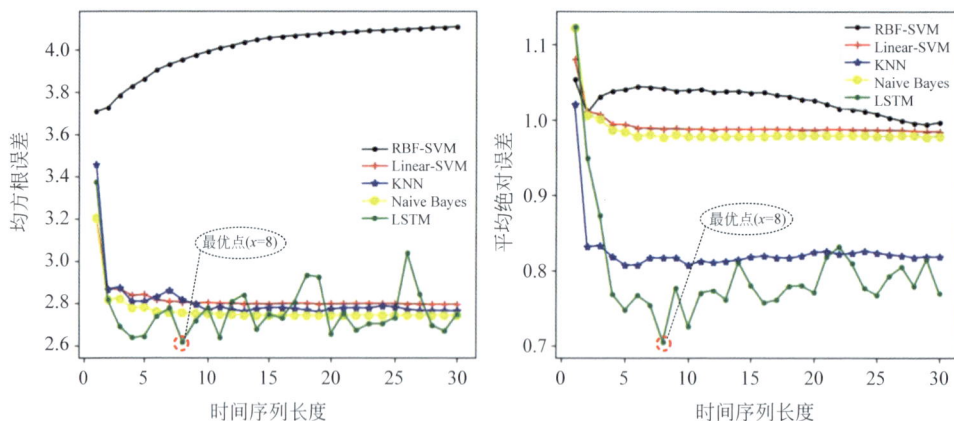

图 5-7　各预测模型的根均方误差（RMSE）和平均绝对误差（MAE）

　　从 RMSE 和 MAE 误差来看，RBF-SVM 的两项误差都最大，Linear-SVM 和 Naive Bayesian 的 MAE 也较大。当时间序列从 1 增长到 2 时，Linear-SVM、KNN、Naive Bayesian 等的误差均迅速降低，但是随着时间序列的进一步增长，误差没有进一步大幅降低，由此可见，当输入一系列数据后，Linear-SVM、KNN、Naive Bayesian 在拟合前 2 个变量后，当误差不再下降时就忽略了后续变量。但是随着时间序列的增长，LSTM 模型的误差首先迅速下降，并不断波动，当时间序列长度为 8 时，RMSE 和 MAE 均达到最小，当时间序列再次增长时，误差反而变大，由此可见，在本章数据集上选择时间长度为 8 的 LSTM 模型效果最好。综上可见，基于 LSTM 的学科主题热度预测模型选用 4 年时间序列数据（8 个时间片为 4 年），拟合优度最大，误差最小，预测效果最佳。

5.5　方法应用

本节基于 TPP-LSTM 学科主题热度预测模型，分别以国外 LIS 领域 65204 学科主题和国内 60557 个学科主题 10 年的热度时间序列为数据集训练模型，并依据拟合优度和误差等指标选取较优的时间序列长度，开展学科主题的演化预测。

5.5.1　研究热点预测分析

1. 国外学科研究热点预测分析

在国外 LIS 领域的研究热点预测中，经过实验训练发现，时间序列长度为 4 年时拟合优度相对较高，RMSE、MAE 等误差相对较小，预测准确率较高，因此选用学科主题近 4 年的历史热度预测 2021 年国外 LIS 领域主题未来的热度变化。最终根据预测结果，对各个学科主题未来的热度进行排序，甄选 20 个未来研究的热点，结果如表 5-1 所示。

从分析结果来看，2021 年国外 LIS 领域研究的热点仍将聚焦在计量分析类、社交媒体类、知识管理类、健康信息类等现有热点主题。除此之外，区块链、物联网、情感分析、深度学习、替代计量等主题在未来一段时间内有望进一步快速增长，晋升成为国外 LIS 领域的研究热点。对比表 5-2 中近 10 年的研究热点可以发现，未来国外 LIS 领域将更加关注新技术的发展和新方法的应用，尤其是自然语言处理、区块链、深度学习等信息技术相关主题。

表 5-1　国外 LIS 领域未来的研究热点（Top20）

排名	学 科 主 题	类别	排名	学 科 主 题	类别
1	BIBLIOMETRICS	计量分析类	2	MACHINE LEARNING	信息技术类
5	CITATION ANALYSIS		3	NATURAL LANGUAGE PROCESSING	
19	ALTMETRICS		12	BLOCKCHAIN	
4	SOCIAL MEDIA	社交媒体类	13	INTERNET OF THING	
11	SOCIAL NETWORK		16	SENTIMENT ANALYSIS	
6	KNOWLEDGE SHARING	知识管理类	18	DEEP LEARNING	
10	KNOWLEDGE MANAGEMENT		14	COLLABORATION	—
7	ELECTRONIC HEALTH RECORD	—	15	ACADEMIC LIBRARY	—
8	EGOVERNMENT	—	17	INFORMATION LITERACY	—
9	BIG DATA	—	20	COMMUNICATION	—

2. 国内学科研究热点预测分析

在国内 LIS 领域的研究热点预测中，经过实验训练发现，时间序列长度为 6 年时拟合优度相对较高，RMSE、MAE 等误差也相对较小，预测准确率较高，因此选用学科主题近 6 年的历史热度情况预测未来的热度变化，分析结果如表 5-2 所示。公共图书馆、阅读推广、图书馆、大数据、网络舆情、知识图谱、知识服务、信息行为、信息素养、文献计量、社交媒体等学科主题短时间内仍然是国内 LIS 领域学者研究的焦点。此外，从分析结果来看，LIS 领域的"睡美人"——数字人文也将跻身 LIS 领域 Top10 研究热点；而近 5 年领衔增长的人工智能、深度学习、区块链等新兴学科主题也有望跻身 Top20 研究热点，进一步与 LIS 领域各学科主题进行全面深度融合，为 LIS 学科发展注入新动力；扎根理论作为质性研究方法的典型代表也有望成为未来的研究热点，另一方面也从方法论层面预示了质性研究在 LIS 领域增长的可能。

表 5-2　国内 LIS 领域未来的研究热点（Top20）

排　　名	学 科 主 题	类　　别	排　　名	学 科 主 题
1	公共图书馆	图书馆学类	7	扎根理论
2	阅读推广		9	网络舆情
4	图书馆		11	知识图谱
10	智慧图书馆		13	知识服务
3	大数据	信息技术类	14	信息行为
5	数字人文		16	信息素养
6	深度学习		17	社交网络
8	人工智能		18	智库
12	情感分析		19	文献计量
15	区块链		20	社交媒体

5.5.2　学科增长点预测分析

1. 国外学科增长点预测分析

基于学科主题热度预测结果可以预估各个学科主题未来的增长情况，各学科主题增长速度排名见表 5-3。未来国外 LIS 领域的学科增长点中，数据科学研究表现出最为突出的潜在增长空间，相关主题主要包括开放获取（Open Access）、数据质量（Data Quality）、数据挖掘（Data Mining）、数据融合（Data Integration）、信息自由（Freedom of Information）、数据所有权（Data Ownership）

等；其次是临床决策支持（Clinical Decision Support）、远程医疗（Telemedicine）、精准医疗（Precision Medicine）等医疗健康方面的学科主题；随着新冠感染对全球医疗资源的挑战和健康管理方式的变革，未来医疗健康方面的学科主题也有望在短时间内受到进一步关注，成为学科新的增长点。此外，从分析结果来看，人工智能、文本分类、网络安全（Cybersecurity）、智力资本（Intellectual Capital）、价值创造（Value Creation）等主题也将成为 LIS 学科的增长点。

表 5-3　国外 LIS 领域未来的学科增长点（Top20）

排名	学科主题	类别	排名	学科主题	类别
1	Open Access	数据科学类	5	Mobile Banking	—
6	Data Quality		8	Absorptive Capacity	
7	Data Mining		9	Public Service	
14	Data Integration		10	Team Performance	—
17	Freedom of Information		11	Text Classification	信息技术类
18	Data Ownership		12	Cybersecurity	
2	Clinical Decision Support	医疗健康类	13	Intellectual Capital	
3	Telemedicine		15	Value Creation	
20	Precision Medicine		16	Artificial Intelligence	
4	Fake News		19	Local Government	

2. 国内学科增长点预测分析

表 5-4 是国内 LIS 领域的学科增长点分析结果。未来国内 LIS 领域的学科增长点将主要集中在评价指标、Altmetrics、指标体系、科学影响力等科研评价方面。随着科技部、教育部等联合清理"唯论文、唯职称、唯学历、唯奖项"专项行动的开展和逐步深入，以及教育部《关于破除高校哲学社会科学研究评价中"唯论文"不良导向的若干意见》的印发，科学研究领域正在掀起一场科技评价改革之风，相关的评价指标和体系将成为研究的焦点。

数据科学、开放数据、数据素养、数据管理等数据科学类学科主题未来也有望成为学科增长点，相对于数字人文直接飙升为 Top20 研究热点，数据科学在 LIS 领域的发展虽然相对平缓，但是在增长速度方面却十分强劲，并且覆盖面相对更加宽泛。此外，知识管理、知识发现、知识组织、知识融合、数据驱动等知识管理和知识发现类学科主题未来也有望成为学科增长点。与此同时，随着文旅融合学科主题的崛起，关于非物质文化遗产的研究也有望成为新的增长点。

表 5-4　国内 LIS 领域未来的学科增长点（Top20）

排名	学 科 主 题	类 别	排名	学 科 主 题	类 别
1	评价指标	科研评价类	7	知识管理	知识管理与知识发现类
4	ALTMETRICS		9	知识发现	
12	学术影响力		15	知识组织	
2	主题模型	数据科学类	18	知识融合	
3	数据科学		11	演化博弈	
6	开放数据		8	非物质文化遗产	
13	数据素养		10	信息生态	
19	数据驱动		14	信息检索	
20	数据管理		16	机器学习	
5	在线评论		17	突发事件	

5.6　本章小结

　　本章提出了基于期刊影响因子的学科主题热度计算模型，规避了频次统计或度计算等单纯基于数量的学科主题热度计算方法的弊端，借助期刊影响因子区分学科主题在不同水平期刊上出现时的质量和学术贡献。基于此热度指标，本章进一步提出了基于长短期记忆神经网络的学科主题热度预测模型，以 LIS 领域 2000 年以来 74 880 篇论文为例，整合作者自标引的关键词和 LDA 主题模型抽取的术语作为学科主题，通过时间切片的方式将数据划分为 41 个时间片，分别计算各个学科主题在不同时间片上的热度，依此热度时间序列训练模型。实验结果表明，基于 LSTM 的学科主题热度预测模型能够充分利用学科主题的历史时间序列。相对于 RBF-SVM、Linear-SVM、KNN、Naive Bayesian 等模型，当时间长度为 4 年时（时间序列长度为 8），本章提出的模型预测效果最好，拟合效度达到最优，RMSE 和 MAE 误差也相应达到最低。

　　本章还基于 LIS 领域国内外核心期刊数据，借助 TP-JIF 模型计算学科主题的热度，对 LIS 领域国内外研究热点和学科增长点进行分析；借助 TPP-LSTM 学科主题预测模型对 LIS 领域国内外未来的研究热点和学科增长点进行了预测，以期厘清 LIS 领域研究前沿。纵观国外、国内 LIS 领域近 10 年的研究热点，国外 LIS 领域主要聚焦社交媒体类、知识管理类、计量分析类等主题，而国内更多地聚焦图书馆学类、数据科学类、舆情传播类等主题。国内外研究所覆盖的主题总体上有较高的一致性，但是在研究体量和侧重点方面却截然不同。未来国外 LIS 领域的研究可能更关注机器学习、深度学习、自然语言处理、替代计量等相关主题，而国内可能更倾向数字人文、人工智能、智慧图书馆等方面的主题。

在学科增长点方面，国外 LIS 领域聚焦社交媒体、知识管理、大数据、医疗健康等主题，而国内更多聚焦在数据科学、数字人文、智慧图书馆、文旅融合等相关研究。未来，国外 LIS 领域可能更加关注医疗健康、人工智能等主题，而国内 LIS 领域可能更加关注科研评价指标与体系、知识管理与发现、数据素养与数据管理等内容。虽然总体上国外、国内未来的学科增长点区别较为明显，但是深度学习、人工智能、情感计算、区块链等技术或方法层面的学科增长点保持了很高的一致性，数据科学很可能成为国外与国内 LIS 领域短时间内发展速度最快的学科增长点。

鉴于学科主题热度的变化是学者、期刊、项目资助、专家意见、行业发展等多种因素综合影响下的结果，单纯地对学科主题自身进行线性或非线性拟合误差相对较大。未来，除了在表征学科主题自身时间序列规律，还应当从复杂网络、异构网络、知识图谱的层面全面表征能够影响学科主题发展的因素，在科学表征的基础上提取与学科主题演化相关的特征，从多元时间序列的角度拟合多维特征，以进一步提高预测准确率。

第 6 章

基于图神经网络的跨学科主题链路预测

6.1 引　　言

　　跨学科研究对于推动科学、技术和社会的进步至关重要，许多重大科学突破都是在跨学科领域取得的[1][2]。2021 年 1 月，教育部将跨学科设立为与现有 14 个学科并列的新学科领域，以促进跨学科研究的发展。许多大学开始设立跨学科研究中心，推动不同领域之间的知识交流与整合。跨学科研究路径的设计和评估规则已成为这些机构的重点关注方向，科学和学术界近年来也愈发认识到跨学科研究的重要性。尽管跨学科研究在解决复杂问题方面日益流行，但打破传统学科边界仍然面临阻力。对于学者来说，一大挑战是如何基于其现有的研究专长，识别可参与的跨学科主题并建立相应的链路。例如，一位擅长图神经网络（GNN）的学者已经在这一领域发表了大量论文，可能会探索将 GNN 方法应用于数字人文（DH）领域以进行图挖掘的机会。换句话说，预测不同主题之间的链路可以指导学者开展跨学科研究，并识别潜在的创新领域。

　　与成熟的学科或研究领域相比，跨学科领域的知识关系往往较为不完整[3]。成熟学科通过多年的积累与发展，通常已建立广泛的知识体系和学科网络。而跨学科研究需要超越不同领域的界限，整合多学科的知识，并以新颖的方式加以应用[4]。因此，跨学科研究中的知识关系本质上是稀疏的，需要在不同学科之间建立新的联系[5]。换句话说，如果一个跨学科领域内的关系已经足够密集且经过充分研究，那么它将不再被视为真正的跨学科。从这个角度看，跨学科领域是动态的，总是位于学科边界上，因此形成了不完整的知识网络，这也使得在不同领域或学科之间进行链路预测以发现跨学科主题变得尤为必要和紧迫。

　　本章将跨学科研究中由作者定义或从摘要中提取的每个关键词视为一个主

[1]　Morillo F, Bordons M, Gómez I. Interdisciplinarity in science: A tentative typology of disciplines and research areas [J]. Journal of the American Society for Information Science and technology, 54(13), 1237-1249.

[2]　Ledford, H. How to solve the world's biggest problems [J]. Nature 525, 308–311.

[3]　Schwartz, G. A. Complex networks reveal emergent interdisciplinary knowledge in Wikipedia [J]. Humanities and Social Sciences Communications, 8(1): 1-6.

[4]　Wang S, Mao J, Lu K, et al. Understanding interdisciplinary knowledge integration through citance analysis: A case study on eHealth [J]. Journal of Informetrics, 15(4): 101214.

[5]　霍朝光，韩粤吉. 中国学科目录视域下的学者跨学科合作交叉测度与分析：以中国人民大学为例 [J]. 情报资料工作，2024，45（2）：38-47.

题，并通过其共现网络预测这些主题之间的链路，以期预见潜在的跨学科关系。共现网络的演变不仅受到主题的影响，还受到这些跨学科研究相关的学者合作模式的影响。例如，如果两个主题在语义内容上相关，则它们在语义上是相似的，并可能共同出现在一篇文章中。同样地，如果两位作者有合作历史并且过去曾从事不同的研究主题，则这些多样化的跨学科主题也可能由于他们对新主题的合作倾向而共同出现在一篇文章中。

因此，我们提出在方法中整合3种特征。一组特征来自使用BERT（双向编码器表示转换器）对跨学科主题的语义内容进行学习；另外两组特征来自使用Node2Vec（一种快速图嵌入技术）对作者合作网络进行学习。然后，我们利用图神经网络（GNN）模型来预测主题之间的链路，综合考虑共现网络的网络拓扑结构、主题的语义相似性以及作者的合作特征。

6.2 相 关 研 究

6.2.1 跨学科研究与跨学科主题

根据美国国家科学院在《促进跨学科科学》中的定义，跨学科研究是一种整合两个或多个学科或研究领域的知识的研究模式。这种整合可能涉及信息、数据、方法、工具、观点、概念和理论，其目标是探索单一学科或研究领域难以解决的问题。近年来，跨学科研究越来越关注跨学科的分析和评估[1]。例如，Wang等（2021）提出使用引用分析来理解跨学科知识整合，识别和分类跨学科领域中的知识单元。此外，一些研究开始关注预测问题，例如，Cho和Yu（2018）基于合作网络和学术信息，预测了大学层面合作网络中的跨学科合作。然而，专注于预测跨学科研究中知识联系的研究仍然较少。

此外，很少有研究清晰地定义跨学科主题的内涵。严格定义跨学科主题的概念和内涵是一项挑战。一般来说，跨学科主题是指在两个或多个学科或研究领域中被研究和探索的主题，这通常需要整合多个领域的知识。学者通常采用以下两种方法来识别跨学科主题。

---

[1] Seeber M, Vlegels J, Cattaneo M. Conditions that do or do not disadvantage interdisciplinary research proposals in project evaluation[J]. Journal of the Association for Information Science and Technology, 73(8), 1106-1126.

（1）通过计算跨学科性来选择跨学科主题。这种方法利用论文引用网络、作者合作网络和内容语义来选择跨学科主题[1][2]。这种方法的关键在于计算跨学科性的指标，这些指标可能因视角的不同而得出不同的结果。此外，尚未有广泛接受的指标体系或通用权威的阈值来区分跨学科主题。通常，作者需要主观的手动设置阈值，这可能导致不同的结果。因此，仅依赖这些指标难以清晰地区分主题是跨学科还是非跨学科。

（2）选择一个具有代表性的跨学科领域。这种方法将特定领域内的所有主题都视为跨学科主题。例如，Xu 等（2016）将信息科学与图书馆科学视为跨学科案例，Wang 等（2021）则将电子健康（eHealth）视为典型的跨学科领域。这种方法的关键在于该跨学科领域必须广泛得到认可，具有较强的代表性和复杂的跨学科关系。并且，一旦某领域被确认为跨学科，即使采用许多跨学科测度指标，也很难从该领域中排除主题，并将其定义为非跨学科主题。

相较于以上两种方法，本章采用第二种方法，选择一个具有高度代表性的跨学科领域作为示例，并将从该领域中提取的所有关键词视为主题，用于预测这些主题之间的潜在跨学科关系。

6.2.2　数字人文

数字人文学科起源于 20 世纪 40 年代后期的"人文学科计算"，涉及将计算机科学应用于传统人文学科。然而，随着信息时代数字技术的广泛应用，学者越来越依赖数字逻辑和技术来解决人文学问题。同时，人文思维也影响着信息技术的发展。数字人文学科以其跨学科特性为显著特点，涉及多个学科的交叉和整合，已成为一种跨学科研究领域。

数字人文的研究领域非常广泛，包括语言学、文学、艺术、历史、地理、图书馆学、信息科学、档案学、计算机科学等，其研究还扩展到了数据组织、可视化分析和文本挖掘等领域。目前，数字人文的研究包括对文本和图像等人文对象的识别、人文内容在多模态和时空维度上的扩展，以及各种数字化研究分析和挖掘工具的应用。例如，Münster 等（2022）研究了楔形文字的手写识别，追踪了该领域计算处理与识别的发展，并描述了生成对抗神经网络自动识别字符的最新方法。

[1]　Wang S, Mao J, Cao Y, et al. Integrated knowledge content in an interdisciplinary field: identification, classification, and application[J]. Scientometrics, 70(1), 1-34.

[2]　Jialei L, Peijun A, Xiantao X. Review of Methods for Interdisciplinary Topic Identification[J]. Data Analysis and Knowledge Discovery, 7(4), 1-15.

Bloch 等（2022）利用自然语言处理从大量非结构化历史档案文本中提取网络数据。Georges 等（2022）探讨了经典作曲家数据库的可视化技术，构建了作曲家网络，并提出了一种基于支持向量机（SVM）分类器主动发现作曲家机械音乐的方法。

在本章中，我们将数字人文视为一个跨学科研究领域，并将从该领域中提取的关键词视为主题，以预测这些主题之间的潜在跨学科关系。

6.2.3　共现网络

共现网络也称为共词网络，是指两个或多个词汇或实体在同一篇文章、段落或句子中的共同出现，例如在一篇论文中共同出现的关键词反映了它们之间的语义上下文关系。共现分析最早由 Collon 等（1983）作为一种内容分析技术提出，其目的是通过文本数据中信息项之间的关联强度绘制知识图谱，并假设论文的关键词能够充分描述其内容。从那时起，共现网络分析便成为一种流行的研究方法，尽管 Leydesdorff（1997）指出其在映射科学发展存在局限性[1]。例如，Ding 等（2001）通过共现分析揭示了信息检索领域的模式与趋势；Verma 和 Gustafsson（2020）利用该方法调查了 COVID-19 研究趋势并识别了主要研究主题与子主题[2]。La 和 Chai（2021）则通过共现分析研究了全球环境质量研究的演变[3]。

基于共现网络的预测正成为知识发现的重要方式。例如，Oniani 等（2020）从公开研究数据集中提取化学物质、疾病、基因和突变的共现，利用 Node2Vec 网络嵌入算法构建共现网络，然后使用 6 种机器学习算法预测新的关系并发现新的知识[4]。Behrouzi 等通过 3 种基于拓扑结构的链路预测算法和 5 种基于节点拓扑特征的机器学习算法预测科学研究的未来结构[5]。

[1]　Leydesdorff L. Why words and co-words cannot map the development of the sciences[J]. Journal of the American Society for Information Science, 48(5), 418-427.

[2]　Verma S, Gustafsson A. Investigating the emerging COVID-19 research trends in the field of business and management: A bibliometric analysis approach[J]. Journal of Business Research, 118, 253-261.

[3]　La Z, Chai L H. Comprehensive Study of Evolution of Global Environmental Quality Research Using Informetric Co-Word Network[J]. Journal of Environmental Informatics, 38(2): 116-130. Ledford, H. (2015). How to solve the world's biggest problems. Nature 525, 308–311.

[4]　Oniani D, Jiang G, Liu H, et al. Constructing co-occurrence network embeddings to assist association extraction for COVID-19 and other coronavirus infectious diseases[J]. Journal of the American Medical Informatics Association, 27(8): 1259-1267.

[5]　Behrouzi S, Sarmoor Z S, Hajsadeghi K, et al. Predicting scientific research trends based on link prediction in keyword networks[J]. Journal of Informetrics, 14(4): 1-16.

因此，在本章中，我们利用共现网络表示数字人文相关的主题和跨学科关系，预测这些主题之间的潜在链路，为学者们提供研究路径，特别是在跨学科研究的背景下。

6.2.4 链路预测

链路预测是一种重要技术，指通过已知的网络结构及相关节点和边的信息，预测复杂网络中未来可能存在的边（Liben et al.，2003）。在科学研究领域中，链路预测被用于预测作者合作和论文引用（Huo et al.，2019）。在共现网络中，它能够揭示节点之间潜在的新连接，帮助进行知识发现。Lü 等（2011）总结了 3 种主要的链路预测方法：基于节点相似性、最大似然估计和概率模型。基于节点相似性的方法通过计算节点对之间的相似性来预测边的可能性。例如，常见的相似性指标包括公共邻居（CN）、Jaccard、Adamic-Adar（AA）指数、局部路径（LP）以及 Katz 指数等。

近年来，随着图神经网络（GNN）的发展，诸如 Graph Attention Network（GAT）、Graph Convolutional Network（GCN）等方法被用于链路预测。本章提出了一种基于 GNN 将主题语义信息与作者合作信息作为节点特征的预测模型，以期填补该领域研究的空白。

6.3 研 究 设 计

本研究的第一步是从跨学科出版物中提取研究主题。研究主题是指出版物的主要内容。为此，我们提取了作者定义的关键词以及摘要和标题中的关键词。作者定义的关键词是概括和代表科学出版物内容的核心术语和元素，由作者自行选择和创建（Kwon，2018）。这些关键词在文献计量学、信息检索和知识发现领域被广泛使用[1]。因此，在本章中，我们将作者定义的关键词视为主题。然而，对于没有作者定义关键词的出版物，我们手动从摘要和标题中提取 3~5 个关键词。

接下来，我们构建主题的共现网络，并预测它们之间的链路。如图 6-1 所示，

---

[1] Raamkumar A S, Foo S, Pang N. Using author-specified keywords in building an initial reading list of research papers in scientific paper retrieval and recommender systems[J]. Information Processing & Management, 53(3), 577-594.

黑色线条表示主题之间现有的链路，表明学者已在一篇或多篇出版物中探索了这些主题。绿色线条表示主题之间的潜在链路，代表尚未被学者在任何出版物中探索的主题之间的新关系和潜在关系。我们的目标是预测现有主题之间最有可能的链路，即预测绿色线条，并为跨学科研究的学者提供研究路径。

为实现这一目标，我们使用了可以结合节点属性信息特征的图神经网络（GNN）算法。基于单一网络拓扑的传统链路预测算法（例如 Common Neighbors、Salton Index、Jaccard Index、Adamic-Adar Index、DeepWalk、Node2vec 等）已经得到了广泛研究[1]。在本章中，我们基于共现网络拓扑结构使用了 GAT、GCN 和 GraphSAGE。这 3 种算法可以将节点属性信息特征集成到预测中，并在图学习方面表现出了良好的性能[2]。然而，目前很少有研究将这些算法应用于主题链路预测。

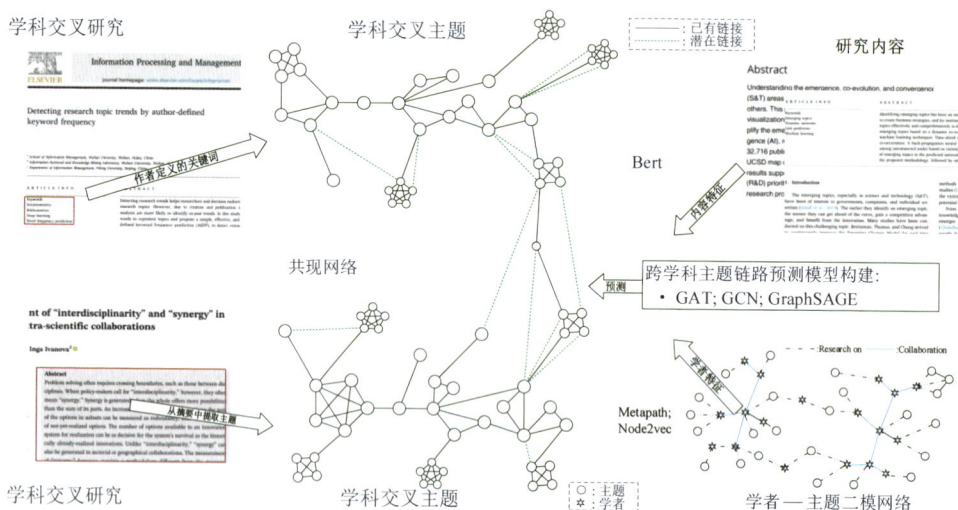

图 6-1 基于 GNN 的跨学科主题链路预测框架

我们提出在跨学科领域的主题链路预测模型中整合了以下种特征。

（1）主题语义内容特征。我们认为，主题的语义内容特征可以提高预测准确性。具体而言，如果两个主题的语义相似性较高，它们在未来出版物中共同出现的可能性也更大。内容语义相似性可以通过多种方式体现，如相似的研究背景、研究

---

[1] Kumar A, Singh S S, Singh K, et al. Link prediction techniques, applications, and performance: A survey[J]. Physica A: Statistical Mechanics and its Applications, 553, 124289.

[2] Zhou J, Cui G, Hu S, et al. Graph neural networks: A review of methods and applications[J]. AI open, 1, 57-81.

方法、研究问题、研究理论、研究机制和研究知识等。为了捕捉每个主题的语义内容特征，我们使用所有相关的摘要作为特征池，并采用 BERT 对内容特征进行嵌入。然后，将这些嵌入特征集成到 3 个 GNN 算法中，作为节点特征以预测潜在链路。

（2）直接合作特征。我们提出，具有直接合作关系的学者更有可能再次合作于他们各自擅长或正在研究的两个不同主题。换句话说，学者之间的直接合作越多，他们的研究主题之间形成潜在链路的机会就越高。为了表示作者与主题之间的关系，我们使用了一个作者—主题的二模网络。随后，我们通过元路径提取基于作者合作的主题网络，并限制主题 A 和主题 B 之间不存在直接链路。我们将通过作者直接合作构建的网络定义为主题直接合作网络（TDCN），如图 6-2 所示。Node2Vec 可以快速从网络结构中提取节点特征，且占用内存较少，因此我们使用它对该网络中的主题特征进行嵌入。

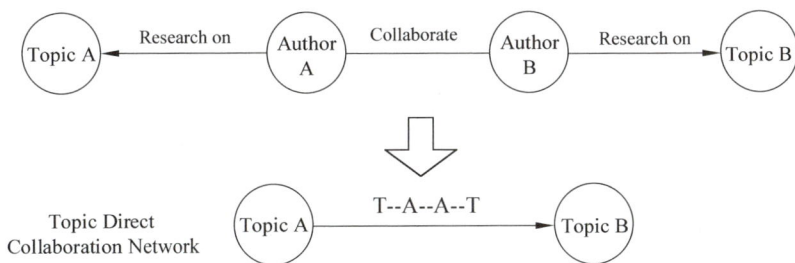

图 6-2　主题直接合作网络

（3）间接合作特征。我们认为与具有直接合作关系的学者相比，具有间接合作关系的学者更有可能将各自的不同研究主题整合到一篇出版物中。这是因为，已有直接合作的学者通常比仅有间接合作的学者，表现出了更高的研究同质性。例如，如果作者 A 经常与作者 B 合作，合作次数越多，A 越熟悉 B 的知识，这可能导致 A 和 B 之间的研究同质性越高。换句话说，未来 A 和 B 之间可能的跨学科发现会越少。重要的是，学者之间的间接合作还为这些学者提供了潜在的合作机会，并为他们的主题提供了潜在链路。总的来说，较弱的关系（间接合作、多样化的知识）可能比较强的关系（直接合作、同质化的知识）带来更多潜在的知识发现。我们通过元路径提取基于作者间接合作的主题网络，并限制主题 A 和主题 B 之间不存在直接链路。我们将通过作者间接合作构建的网络定义为主题间接合作网络（TICN），如图 6-3 所示。同样，我们使用 Node2Vec 对该网络中的主题特征进行嵌入。

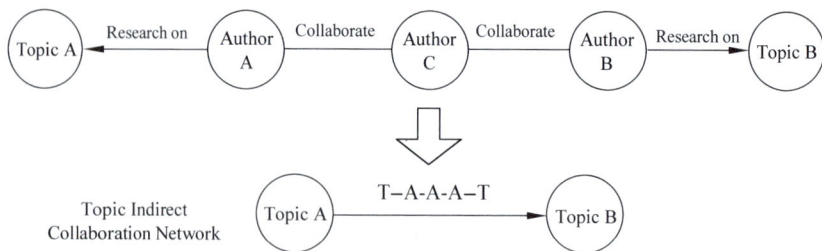

图 6-3　主题间接合作网络

链路预测模型受网络拓扑结构和内容语义相似性等多种特征驱动。在本章中，我们提出了一种基于图神经网络（GNN）的链路预测模型，其中 GNN 模型作为编码器处理节点特征。这些特征随后输入预测器，计算节点之间的连接概率，从而预测当前图中尚未存在的边的可能性。

1. 编码器

作为一种应用于图结构的神经网络，图神经网络利用图的非欧几里得结构来表示节点之间的关系。我们采用了 3 种 GNN 模型，即 GCN、GAT 和 GraphSAGE，以获取节点表示用于链路预测。GNN 编码器通常通过节点之间的边连接传递信息、聚合信息并更新节点特征。对于特定节点 v，GNN 模型通过边连接识别其邻域，每个邻居节点以某种方式向 v 传递其特征。这些特征随后通过一种取决于 GNN 模型的机制进行聚合，并通过转换函数将更新后的特征应用于节点 v。这一过程在神经网络的每一层中重复，当堆叠更多层时，节点将再次进行这一过程。当我们将共现网络和其他节点特征输入每个编码器模型时，节点通过这种方式在编码器模型中聚合和更新嵌入，最终输出最新的嵌入表示。以下是 GCN、GAT 和 GraphSAGE 的具体信息传递、聚合和更新方式。

其中，图卷积网络（GCN）借鉴了图像处理领域卷积神经网络中卷积的思想，将卷积运算应用于图网络上，通过堆叠多个卷积层从多级领域传递信息[1]，节点上累积的特征可以对图的整体特征进行有效的表达。图卷积网络层间传递方式如式（6-1）所示，其中 $H^{(l+1)}$ 是 l 层网络的输出，σ 为激活函数，$\tilde{A}=A+I$ 是含自连接在内的邻接矩阵，$\tilde{D}$ 是度矩阵，$H^{(l)}$ 是 l 层网络的输入，$W^{(l)}$ 为 l 层的权重矩阵，层间信息传递公式为

[1]　Fan W, Ma Y, Li Q, et al. Graph neural networks for social recommendation[C]. The World Wide Web Conference. 2019: 417-426.

$$H^{(l+1)} = \sigma\left(\tilde{D}^{-\frac{1}{2}} \tilde{A} \tilde{D}^{-\frac{1}{2}} H^{(l)} W^{(l)} \right) \tag{6-1}$$

图注意力网络（GAT）将注意力机制引入图神经网络，根据注意力机制学习到的邻域权重来聚合邻居节点的特征[1]。与 GCN 不同，GAT 能够强化相似邻域节点的特征，但 GCN 中所有邻域节点的重要性都是相同的。首先计算节点与邻居节点的注意力权重。如式（6-2）所示，h_i 和 h_j 分别为节点 i 和邻居节点 j 的特征表示，W 为权重矩阵，α 为相似性度量函数，为使节点 i 的邻居节点权重可比，本章采用 softmax 函数对节点权重进行归一化处理（如式（6-3）所示），将注意力权重引入节点聚合函数，则可得到节点 i 的输出 $h_i^{'}$（如式（6-4））所示。

$$e_{ij} = \alpha\left(W h_i, W h_j \right) \tag{6-2}$$

$$\alpha_{ij} = \text{softmax}_j\left(e_{ij} \right) = \frac{\exp\left(e_{ij}\right)}{\sum\limits_{k \in N_i} \exp\left(e_{ik}\right)} \tag{6-3}$$

$$h_i' = \sigma\left(\sum\limits_{j \in N_i} \alpha_{ij} W h_j \right) \tag{6-4}$$

GraphSAGE 在 GCN 的基础上引入了采样和聚合机制，提高了模型大规模图的归纳表示学习能力。GraphSAGE 首先需要对邻域节点进行随机采样[2]，再运用被采样的节点进行特征聚合。首先使用 Max-Pooling 操作聚合邻居节点特征，如公式（6-5）所示，h 是节点 v 在第 k 层邻居节点的聚合特征，h 是邻居节点 u_i 在第 k 层的特征表示，W_{pool} 是用于池化的权重矩阵，σ 是激活函数。完成特征聚合后，可以对节点 v 的特征表示进行更新；公式（6-6）所示，h 为节点 v 在第 k–1 层的特征表示，h 为节点 v 在第 k–1 层邻居节点聚合特征，CONTACT 函数可以对向量进行拼接操作，w^k 是权重矩阵，σ 是激活函数。

$$h_{N(v)}^k = \max\left(\left\{ \sigma\left(W_{\text{pool}} h_{u_i}^k + b \right) \right\}, \forall u_i \in N(v) \right) \tag{6-5}$$

$$h_v^k = \sigma\left(w^k \cdot \text{CONTACT}\left(h_v^{k-1}, h_{N(v)}^{k-1} \right) \right) \tag{6-6}$$

[1]　Kipf T N, Welling, M. Semi-supervised classification with graph convolutional networks[J]. arXiv Preprint arXiv, 2016:1609.02907.

[2]　Zhou J, Cui G, Hu S, et al. Graph neural networks: A review of methods and applications[J]. AI Open, 2020(1) 57-81.

2. 预测器

预测器是根据由编码器输出的最终节点嵌入估计两节点间可能产生链路的概率。将节点特征矩阵 X 与邻接矩阵 A 输入上述 3 种编码器中，可以得到最终的节点嵌入 Z：

$$Z = \mathrm{Encoder}(X, A) \tag{6-7}$$

对于任意节点 i，其节点的特征表示为 z_i。将目标节点与源节点特征表示的点积输入激活函数中，点积越大，两节点的相似性越高。如式（6-8）所示，z_i 和 z_j 分别是节点 i 和节点 j 的特征向量，$\hat{A}_{ij}$ 是链路 (i, j) 的预测概率，σ 是激活函数：

$$\hat{A}_{ij} = \sigma\left(z_i z_j^{\mathrm{T}}\right) \tag{6-8}$$

预测器通过计算节点嵌入的点积来生成重构图。预测器将边的源节点和目标节点的点积输入 Sigmoid 函数。我们希望两个连接节点的点积值足够大，使得输出值接近 1，而未连接节点的点积值足够小，使得输出值接近 0。通过这种方式，我们可以评估编码器的效果。

$$\hat{Y} = \mathrm{Sigmoid}(ZZ^{\mathrm{T}}) \tag{6-9}$$

通过这个过程，我们可以生成一个重构图，并与原始图进行比较，尽可能减小二者之间的差异。在达到一定的准确性后，在新重构图中出现但未出现在原始图中的高分边，即为链路预测得到的新潜在边。

6.4 实验检验

6.4.1 数据获取与数字人文领域的学科分析

在本章中，我们以数字人文（Digital Humanities, DH）数据为例。首先，我们使用检索词 "digital humanit*" 和 "humanit* computing" 在 Scopus 数据库中下载与 DH 相关的出版物，并限定搜索范围为 "TITLE-ABS-KEY" 域。我们仅选择 article 类型的出版物，因为 review 文章通常涵盖许多与理论相关但未在单篇研究中深入探讨的主题。此外，我们仅选择英文出版物，因为 Scopus 中有许多其他语种未被 Web of Science 收录的出版物。截至 2022 年 9 月 21 日，我们共获取了 1809 篇出版物，去重后保留了 1603 篇。

接下来，我们构建了一个学科共现网络，用于分析数字人文涉及的学科。根据 Scopus 提供的学科分类对出版物进行分类。如果某篇出版物被归类为两个或两个以上的学科，则表明其属于跨学科研究。利用这些标准，我们构建了学科的共现网络。如图 6-4 所示，共有 168 个学科彼此交叉，包括历史、传播学、哲学、计算机科学应用、图书馆与信息科学、人文艺术、考古学等。这些学科之间共存在 2047 个跨学科关系。综上所述，数字人文的出版物是跨学科研究的代表性案例，使我们能够探索并预测跨学科研究领域中的链路。

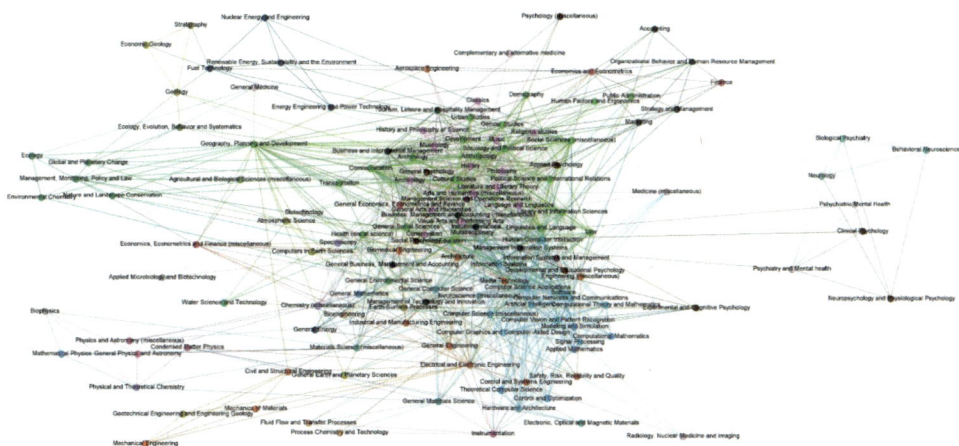

图 6-4 数字人文涉及的学科

6.4.2 数字人文共现网络的构建

在 1603 篇出版物中，1293 篇（80.66%）包含作者分配的关键词，310 篇没有任何作者关键词。为了解决这一问题，我们手动从每篇出版物的摘要中提取 3~5 个关键词。该提取过程由两位学者交替进行，以确保结果的可靠性。最终，将原始作者关键词与提取的关键词结合，共得到了 5503 个关键词。

为精炼作者关键词，我们遵循 Choi 和 Hwang（2014）提出的规则。首先，将所有作者关键词转换为小写形式。其次，将所有名词词形单数化。此外，去除词间的标点符号。最后，合并单复数形式以及全称和缩写形式，如 "Humanities" 与 "Humanity"，"LDA" 与 "Latent Dirichlet Allocation"，"SVM" 与 "Support Vector Machine" 等。这 4 个步骤最终生成了独立的关键词集合。最终，我们得到了 4733 个唯一的关键词。基于这些关键词，我们构建了一个包含 4733 个节点和 17 283 条边的数字人文主题共现网络。

6.4.3 预测结果评价

1. 实验设置

实验基于 PyTorch Geometric (PyG) 运行。共现网络由 4733 个节点和 17 283 条边组成，在 PyG 中表示为 Data 对象。基于 GNN 的链路预测模型包含一个编码器和一个预测器（也可视为解码器）。使用的 3 个编码器分别为 GCN 编码器、GAT 编码器和 GraphSAGE 编码器。GCN 编码器包含两层 ReLU 激活函数，GAT 编码器包含两层，第一层有 8 个头，并使用 ELU 激活函数。GraphSAGE 编码器包含两层 SAGE，使用 mean 聚合器。

样本对象被随机划分为训练集（85%）、验证集（5%）和测试集（10%）。分割标准确保训练集不包含验证集和测试集中存在的链路，验证集不包含测试集中存在的链路。在模型训练过程中，损失函数通过重构图的邻接矩阵与原始图的邻接矩阵之间的差异计算，目标是最小化损失。具体来说，损失函数等于预测边值与真实边值之间的交叉熵损失。优化器使用 Adam，训练进行 200 轮，并选择验证集上取得最佳结果的轮次的测试集结果作为最终结果。

$$\text{Loss} = \text{BCELoss}(\hat{Y}, Y) \tag{6-10}$$

我们为每个主题节点构建了 3 种特征：基于摘要的语义内容特征、作者直接合作特征和作者间接合作特征。语义内容特征采用 Bert-base-uncased 预训练模型，取 [CLS] 作为输出向量。直接和间接合作特征通过 Node2Vec 模型获取。这 3 种特征分别或组合输入链路预测模型，并记录其预测性能。对于额外输入的特征，我们使用级联连接方法，该方法改变了特征维度但不会造成混淆。

2. 性能评估

为了评估模型性能，我们选择了 AUC 和 AP（平均精度）作为评价指标。AUC 分数的计算公式如下。

$$\text{AUC} = \frac{(n_1 + 0.5n_2)}{n} \tag{6-11}$$

通过链路预测模型获取每对节点之间的预测值。对于不存在的边，若预测值低于存在的边值则计为 n_1，若相等则计为 n_2，若高于则计为 n_3，n 表示总样本数。AP 的计算涉及对边的预测值排序，并在不同召回率点上平均准确率。我们进行了 10 次重复实验，每次选择验证集中 AUC 值最高的模型进行测试，以评估模型在测试集上的表现。

$$AP = \frac{m}{L} \tag{6-12}$$

3. 实验结果

基于 4733 个唯一关键词，我们构建了数字人文的主题共现网络。将输入特征馈送到链路预测模型中，预测结果通过 AUC 和 AP 衡量，见表 6-1。从结果可以看出，在原始网络结构上，GCN 模型的预测性能优于其他模型。GAT 模型在原始图结构上的 AUC 和 AP 均为 0.5，这是因为在 GAT 的加权机制下所有节点保留了原始单位值，导致任意节点对之间的连接概率相等。

表 6-1　跨学科主题链路预测模型评估

特征组合 /AUC AP（10 次平均值）	GCN		GAT		GraphSAGE	
	AUC	AP	AUC	AP	AUC	AP
主题共现网络	0.703577	0.745572	0.500000	0.500000	0.676961	0.655723
主题共现网络 + 主题内容特征	0.893231	0.894949	0.840281	0.831575	0.860281	0.856748
主题共现网络 + 直接合作特征	0.859658	0.856902	0.845756	0.838485	0.853143	0.849062
主题共现网络 + 间接合作特征	0.880647	0.882771	0.851131	0.836563	0.850885	0.849227
主题共现网络 + 主题内容特征 + 直接合作特征	0.905896	0.906965	0.853973	0.838022	0.87229	0.866189
主题共现网络 + 主题内容特征 + 间接合作特征	0.899823	0.898197	**0.878368**	**0.860687**	0.868633	0.855635
主题共现网络 + 主题内容特征 + 直接合作特征 + 间接合作特征	**0.91039**	**0.910729**	0.855519	0.83714	**0.882997**	**0.879127**

当引入额外特征（如主题内容特征、直接合作特征和间接合作特征）后，3 种模型的性能均显著提升。其中，GCN 模型在主题内容特征的加入下表现最好，其次是间接合作特征。同样，在 GraphSAGE 模型中，主题内容特征的加入提升了预测性能，但 GCN 的表现优于 GraphSAGE。值得注意的是，在本章的小规模静态图结构中，GraphSAGE 的采样和聚合方法有时会削弱对网络结构特征的捕捉。此外，与主题内容特征相比，GAT 模型对作者合作特征更加敏感。这表明，从作者合作角度看，一些节点更为突出，这种特征更能显著提升 GAT 的表现。

当将这些特征组合并添加到模型中时，结果显示，在 GAT 模型中，主题内容特征和间接合作特征的结合表现最佳。而在 GCN 和 GraphSAGE 模型中，主题内容特征与直接合作特征的结合效果优于主题内容特征与间接合作特征的结合。此外，同时加入主题内容特征、直接合作特征和间接合作特征能够进一步提升这两个模型的性能。在所有特征组合和预测模型中，包含主题内容特征、直接合作特征和间接合作特征的 GCN 模型表现最佳，其 AUC 提高了 20.68%，AP 提高了 16.52%。

6.5 讨 论

6.5.1 结果讨论

如结果所示，主题内容特征、直接合作特征和间接合作特征都能提高链路预测的性能。也就是说，具有更多相关研究背景的两个主题更有可能存在潜在链路；具有直接合作关系的学者更有可能在他们各自擅长或研究的两个不同主题上再次合作；具有间接合作关系的学者更有可能将他们的不同研究主题整合到一篇出版物中。这些特征的结合效果最好。相反，无论使用哪种强大的 GNN 模型，仅依靠主题共现网络进行的链路预测表现都不佳。综上所述，对于跨学科领域的主题链路预测，最重要的不是强大的算法，而是我们设计和使用的特征。因此，本章与以往强调算法的链路预测研究不同，我们强调的是我们设计的特征。

首先，我们设计的主题语义内容特征能够有效嵌入研究背景，而这些嵌入大幅提高了跨学科领域主题链路预测的准确性。这意味着，相似的研究背景、研究问题、研究理论、研究方法、研究机制等知识是两个不同学科主题能出现在同一种出版物中的基础。基于这些相似性，我们的模型可以帮助学者在跨学科领域中发现现有主题之间更多的潜在关系，这为跨学科发现提供了一条更高效、更快速的路径。

其次，通过这些实验，我们可以得出结论，作者之间的现有合作是跨学科知识流动的重要桥梁。尽管学者之间的跨学科合作网络较为稀疏（Huo 和 Han，2023），但曾经合作过的学者相比于没有合作过的学者，更有可能在未来的相关领域中再次合作。此外，曾与同一学者合作过但未直接合作的学者，也更有可能在新的相关主题上合作。我们将合作特征分配给代表作者的节点，当信息在节点之间传递和聚合时，节点可以获得有关与其他作者在同一群体内有过合作经验的学者群体的信息，这些合作特征在构建跨学科主题之间的链路时促进了相似性的连接。

最后，仅依赖主题共现网络进行的链路预测，无论在 GCN、GAT 还是 GraphSAGE 上都表现不佳。虽然精心设计的算法可以增强共现网络的挖掘，并提高预测准确性，但跨学科领域链路预测的挑战超越了算法设计，它涉及通过专业知识适当概括和选择特征的关键任务。换句话说，要在跨学科领域实现精确的链路预测，需要开发一个仔细设计的框架，考虑到这些因素。

6.5.2　应用和分析

为了促进跨学科研究并为数字人文学科（DH）学者提供研究路径参考，我们使用了我们提出并测试过的最佳跨学科主题链路预测模型，来预测数字人文领域中的潜在链路。如图 6-5 和图 6-6 所示，蓝色边表示数字人文主题之间的现有链路，红色边表示我们预测的链路。以下是关于文化遗产和历史地理信息系统领域的例子。

（1）文化遗产是宝贵的历史资产，随着信息技术的进步，数字人文学科领域的研究者积极参与记录、保护和展示文化遗产的工作。在图 6-5 中，预测的连接及其对应的节点用红色节点和边表示，而文化遗产领域的主要主题用黄色节点表示，其他节点代表相关主题。

本章使用的数字人文学科出版物涵盖与文化遗产相关的多个主题，包括文化遗产、非洲文化遗产、特定文化遗产项目以及不同形式的文化遗产，如文化遗产文物和非物质文化遗产。出版物还包括与文化遗产相关的内容和实践，如文化遗产众包、文化遗产影像和文化遗产用户参与等。共现网络分析揭示了文化遗产研究与多个学科交叉，包括档案、图书馆、博物馆及相关主题。例如，文化遗产与学术图书馆、文化遗产与档案、文化遗产与文献学，以及数字图书馆或博物馆等话题已被一同研究。来源问题也与记录、档案和个人图书馆相关联。

预测的链接揭示了新边和话题之间的共现关系，如被毁文化遗产、遗产收集、非物质文化遗产收集、来源、文化遗产众包和语义增强等。因为许多文化遗址遭受了不同程度的破坏和毁损，因此追溯和记录这些被毁的文化遗产和文物对于遗产的修复、回忆和再利用至关重要。一方面，非物质文化遗产的追溯和来源研究有助于弥补由于继承人缺失而造成的遗失；另一方面，随着人群的迁移，非物质文化遗产也发生了变化和演变，产生了不同的表现形式。来源研究可以帮助发现历史和文化的根源，为非物质文化遗产的新表现形式和实践提供支持。我们的预测还揭示了被毁文化遗产、语义增强和文化图像之间的潜在链路，表明学者可以在被毁文化遗产的研究中开展图像识别和可视化研究。在以往的研究中，学者有效地从文化数字图像中挖掘文化信息，并采用图像语义增强方法分析文化图像。正如我们预测的那样，这种方法也可以应用于被毁文化遗产的研究，如被毁文化遗产图像的语义描述和图像语言信息网络的构建。

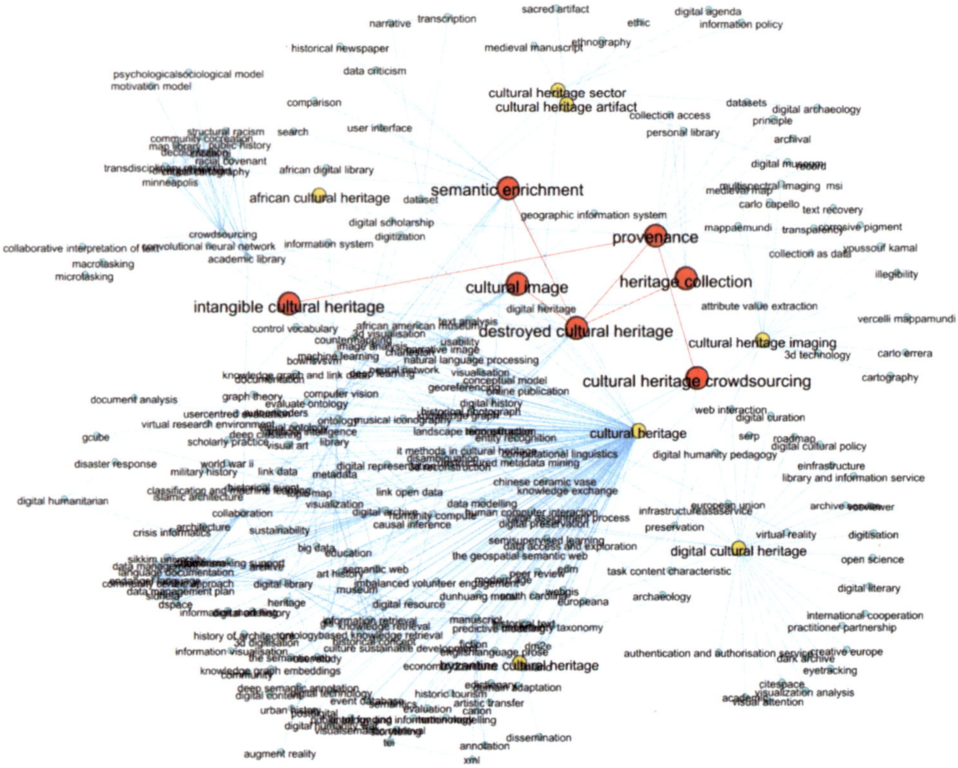

图 6-5　文化遗产领域中预测到的跨学科主题链路

（2）地理信息系统（GIS）领域是一个利用计算机技术处理和分析地理空间数据的研究领域。历史地理信息系统（HGIS）扩展了 GIS 在历史研究中的应用，创造了一个新的研究领域。图 6-6 中用红色表示预测的边和节点，黄色节点表示地理信息领域的主要主题。随着时空分析方法成为数字人文学科研究的基础，HGIS 为这类研究提供了重要支持。此外，HGIS 还与空间历史、地理信息学、历史文献计量学和历史地理学等领域相互关联，因为这些领域共享共同的语义特征。HGIS 的预测揭示了新的连接关系，如 HGIS 与数据交换、HGIS 与人道主义紧急情况之间的关系。开放的大数据地理信息系统有潜力为全球范围内的人道主义项目做出贡献，如灾难响应、气候变化缓解、食品危机管理和减贫。将地理数据与索赔数据叠加还可以帮助公司检测保险行业中的潜在欺诈行为。然而，这些应用需要大量高质量的数据，使得通过开放数据平台的数据共享成为 HGIS 的重要支持。HGIS 涉及更长的时间跨度、更具挑战性的历史数据收集以及更复杂的数据开发和管理过程。因此，开放数据、数据共享与 HGIS 之间的合作具有重要的研究价值和潜力。正如我们所预测的，HGIS 系统在处理人道主义紧急情况时，数据收集和利用的范围与标准同样重要。

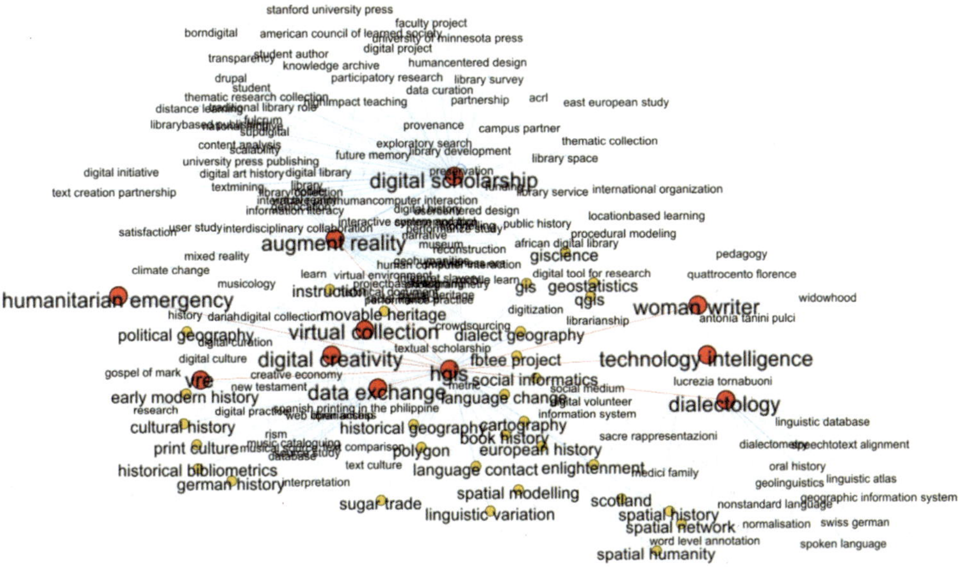

图 6-6　历史地理信息系统（HGIS）领域中预测的跨学科主题链路

　　虚拟现实（VR）和增强现实（AR）技术已经在历史、地理定位、地人文学科和 GIS 等主题中得到了应用。预测的 HGIS 与 AR、HGIS 与虚拟现实环境（VRE）以及 HGIS 与数字创意之间的共现关系表明，学者可以进一步探索这些技术，以增强 HGIS 的能力。可视化是 HGIS 的关键功能，目前的 HGIS 系统提供了平面可视化功能，包括趋势分布分析、区域分析和热力分析，以及三维可视化功能。VR、AR 等技术可以增强这些功能，使得土地形态的直观三维展示成为可能，这可以为历史学家和考古学家提供宝贵的参考。在文化遗产修复领域，AR 还可以用来展示遗址的虚拟重建，为游客提供沉浸式体验。数字创意项目结合了信息技术与文化创意产业，已成为一种新兴的经济形式，为 HGIS 及其他数字人文学科研究提供了有效的实施途径。

　　正如我们预测的那样，HGIS 还与数字学术、女性作家和方言学等领域之间存在联系，代表 HGIS 在各个领域的潜在多样化应用，学者可以进一步探索。例如，数字学术时代的性别研究已经受到显著关注，HGIS 可以为女性作家的时空维度提供宝贵的见解。方言学本身具有时空属性，也可以从 HGIS 的分析能力中受益。

6.6 本章小结

　　跨学科研究在解决科学、技术和社会中复杂挑战方面发挥着至关重要的作用。预测主题之间的链路可以揭示潜在的跨学科关系并促进创新。在本研究中，我们使用作者定义的关键词构建了主题的共现网络。我们提出结合主题语义内容特征、作者直接合作特征和间接合作特征来提高预测性能。基于图卷积网络（GCN）、图注意力网络（GAT）和 GraphSAGE，我们使用 Bert 嵌入语义内容特征，通过元路径，使用 Node2vec 嵌入作者直接和间接合作特征，并将这些特征集成到跨学科主题链路预测模型中。

　　以数字人文学科数据为例，我们的实验结果表明，语义内容、直接合作和间接合作特征的整合显著提高了曲线下面积（AUC）和平均精度（AP）的表现，超过了仅基于共现网络的预测。在所有特征组合和预测模型中，包含内容、直接合作和间接合作特征的 GCN 模型表现出了最佳的预测性能。我们的预测结果为数字人文学科学者提供了有价值的研究方向和参考，例如在文化遗产和历史地理信息系统领域。

　　跨学科领域中的链路预测在促进学者之间的跨学科研究方面发挥着重要作用。不同学科的学者可能缺乏沟通和合作，且对其他领域的研究了解有限的情况下，链路预测可以作为一个有价值的工具。通过利用知识网络和学者动态共演化的机制，链路预测可以为学者推荐潜在的跨学科主题。这个过程有助于发现缺失的链路，并完成跨多个学科的知识网络。因此，链路预测在跨学科领域中的背景下具有重要的相关性和价值。我们的研究为跨学科知识发现提供了一种新的方法，侧重于主题层面的发现。

　　本章的一个局限性是跨学科主题和关系的识别。尽管目前尚无可行的识别方法，但其中一些主题或关系可能并不严格属于跨学科。此外，出版物的学科分类也是有效进行跨学科主题分析和预测的关键。将出版物分类到子领域是基础。未来，可能构建一个包含几乎所有学科出版物的大图，包含它们在更广泛的领域之间的关系，基于这个大图的链路预测可以为学者推荐更多有趣和潜在的跨学科研究路径。

第 7 章

学者跨学科合作交叉测度与预测

7.1 引　　言

7.1.1　学者跨学科合作交叉测度研究背景

学科交叉以及跨学科研究对于科学创新具有重要意义[1]。在学者所属单位和所属学科既定的情况下，促进不同学院以及不同学科的学者开展跨学科跨学院合作，是提升学科交叉和促进交叉创新的重要途径。研究表明，学者跨学科合作有利于科研产出的提高[2]，同时跨学科研究在一定程度上也能提高学者的学术影响力[3]。但是，如何测度学者的跨学科交叉合作情况，进而建立合理有效的评价机制，提升保障学者之间的跨学科合作，成为高校学科管理以及促进交叉创新所面对的重要问题。

学者跨学科合作交叉测度不同于跨学科研究交叉测度。跨学科研究交叉测度强调对学者所做的研究和发表的论文的学科属性进行分析[4]。学者跨学科合作的重点不在于所发表的成果是否覆盖多个学科，而在于测度学者同其他学科学者合作的程度和范围。例如，来源于两个不同学科的学者 A 和 B，其合作的论文无论是发表在 A 所在学科，还是发表在 B 所在学科，对 A 和 B 来说都应当被认定为跨学科合作或学科交叉合作，因为既然学者隶属不同的学科，就代表了不同的学科。即使是从其他学科引进的，那么在被引进后也应该隶属其当前所在学科。例如，引进计算机领域的学者到信息资源管理领域，在引入后这位学者也就融入信息资源管理领域，换言之，信息资源管理引进这样的学者是因为学科发展需要，即此学者的研究方向为信息资源管理需要的。一个学科的边界不单纯是由研究问题、研究理论、研究领域来决定的，同时会受到学者的影响，因为教育部在进行学科评估时，学院会将本学院所有学者的成果全部提交到对应的学科评估中，而不会将本学院学者发表在非本学科期刊上的成果剔除。因此，本章提出从学者隶属学科角度，通过学者同其他学科学者合作的情况来测度并揭示学者的跨学科合作。

[1]　Heidi L. How to solve the world's biggest problems[J]. Nature,2015,525(7569).

[2]　Chakraborty T. Role of interdisciplinarity in computer sciences: Quantification, impact and life trajectory[J]. Scientometrics, 2018(114): 1011-1029.

[3]　翟羽佳，周睿，李岩，等 . 科研人员跨学科性与个体学术影响力的因果效应分析 [J]. 数据分析与知识发现，2023，7（11）：140-157.

[4]　Morillo F, Bordons M, Gómez I. Interdisciplinarity in science: A tentative typology of disciplines and research areas[J]. Journal of the American Society for Information Science and Technology, 2003, 54(13): 1237-1249.

现有跨学科研究所依据的学科划分几乎全部依赖国际期刊所属学科，即期刊隶属哪个学科，发表在其上面的科学论文就归属哪个学科，此种方式无法根据研究的具体情况界定科学文献所属学科，亦无法根据科学文献界定学者所属学科。与此同时，以往学者合作网络方面的研究往往多聚焦某单一语种文献，如只分析中文科学文献，或者只分析英文科学文献，没有将同一学者发表的不同语种科学文献打通，即其所分析的学者是不全面的，利用任何单一语种分析学者合作关系以及学者的交叉都是失之偏颇的。因此，本章强调基于教育部设置的学科专业目录，从学者隶属院系所属的学科视角，跨语言整合中文和英文科学文献以及对应的学者，对学者跨学科合作进行全面测度，为学者学科交叉测度提供一种新的视角。

7.1.2　学者跨学科合作预测研究背景

现代科学由于研究工作的日益复杂性和跨学科特性，依赖学者之间的合作。在当今时代，科学发现往往需要结合来自不同领域的专业知识，这使得合作在解决复杂问题和推动创新方面变得不可或缺。例如，Ioannidis 等分析了来自各学科的 3500 多万篇文章，发现研究合作在过去几十年中显著增加。学者间的合作还能促进思想、方法和资源的交流，而这些对于推动科学知识的进步至关重要。在一篇发表于 PNAS 的研究文章中，Wuchty 等通过分析 1990 多万篇研究论文，调查了合作对科学生产力的影响。研究发现，拥有多名作者的论文（表明存在合作）比单一作者的论文获得更高的引用率。此外，研究还发现，合作研究更有可能探索新的研究领域并产生创新想法。通过汇聚来自不同背景和视角的学者，合作可促进思想的交叉融合，激发创造力，并使研究人员能够探索科学的新前沿。

然而，随着现代科学的进步和大规模合作的常态化，如何为学者推荐合适的合作伙伴成为众多研究者关注的课题[1]。特别是在快速发展的跨学科融合背景下，准确识别合作伙伴并建立合适的合作模式对学者而言尤为重要[2]。此外，与学科内合作相比，跨学科合作面临更严峻的挑战。一方面，跨学科合作在所有合作中占少数，大多数合作仍是学科内的。这种稀疏的连接性导致预测跨学科合作推荐时缺乏训练样本。另一方面，不同学科的合作者通常具有各自独特的专业知识和

[1] Qin H, Zhao M, Ma X, et al. BMCR: A collaborator recommendation model based on scholars' academic level[J]. Journal of King Saud University-Computer and Information Sciences, 34(10), 9409-9418.

[2] Wang F, Dong J, Lu W, et al. Collaboration prediction based on multilayer all-author tripartite citation networks: A case study of gene editing[J]. Journal of Informetrics, 17(1), 101374.

研究兴趣。然而，不同学科具有其特有的术语和主题，这使得学者很难准确找到其他领域中的相关主题和潜在合作者。尽管跨学科合作存在各种困难，但这种合作模式有望对社会和科学界产生重大影响。因此，有必要深入研究跨学科合作推荐，开发适当的推荐方法以支持学者开展跨学科合作。

目前，关于合作推荐的研究主要集中在学科内合作方面，采用的方法包括网络分析和传统的机器学习。这些方法通常通过处理语料库并应用机器学习算法预测具有高度相似性的学者作为合作推荐。例如，Tuninetti 等（2021）通过引文代表科学可信性，通过关键词衡量学者共同兴趣，预测新的合作关系[1]。Xu 等（2022）利用多种网络模式特征识别缺失链接和链接权重，揭示科学家合作模式之间的拓扑相关性[2]。Qin 等（2022）提出了一种"最佳匹配合作者推荐"（BMCR）模型，从学者学术水平的角度通过 K-means 算法对学者进行聚类，然后提取学者的研究主题，构建每个聚类的学者—主题图，最后使用 BRWR 算法识别潜在合作者[3]。

然而，随着跨学科融合的深入，传统方法难以准确捕捉学者的多维特征，导致跨学科合作推荐效率较低，学科内合作设计的方法无法直接应用于跨学科合作。同时，准确识别学者的对应学科以确认是跨学科合作还是学科内合作也是一个重大挑战。因此，本章提出了一种基于图神经网络的方法，结合学者在其学科内的合作网络特征和其个人研究内容特征。通过特征融合，跨学科合作网络能够学习更全面的信息，从而为学者跨学科合作提供更准确的推荐。此外，本章比较了 3 种图神经网络模型在不同特征下的表现，旨在识别最适合提升合作者预测的模型。

7.2 研 究 现 状

7.2.1 学者跨学科合作交叉测度

跨学科研究作为一种科学研究模式，通常是由来自两个或多个学科的专业团

[1] Tuninetti M, Aleta A, Paolotti D, et al. Prediction of new scientific collaborations through multiplex networks[J]. EPJ Data Science, 10(1): 25.

[2] Xu S, Ran Y, Xu X K. Predicting scientist collaboration by multiple motif features[J]. IEEE Transactions on Computational Social Systems, 10(4): 1826-1834.

[3] Qin H, Zhao M, Ma X, et al. BMCR: A collaborator recommendation model based on Scholars' academic level[J]. Journal of King Saud University-Computer and Information Sciences, 34(10): 9409-9418.

体相互合作，将信息、数据、方法、工具、观点、概念和理论等有效结合起来，以推进基本理解或解决单一学科难以解决的重大现实难题[1]。交叉性测度是跨学科研究的重要主题，研究者希望通过定量和定性等方法对各种学术对象的学科交叉深度、广度、强度等特征进行表征、描述、评价[2]。测度的学术对象主要包括期刊、论文、学者、团队、机构、国家、学科、领域、主题等[3]。

现有关于学者跨学科交叉测度的研究主要从跨学科学术成果产出、跨学科引文关系两方面展开，鲜有从学者合作关系视角进行测度。例如，Porter 等从论文引文学科分布和作者发表文章所属学科两个视角分别提出专门度等指标，来测度学者跨学科交叉性[4]。李江从跨学科发文和跨学科引用两方面构建了"跨学科性"的概念框架，并测度学者发文和引用的跨学科性，并以专门度和布里渊指标[5]测度图书情报领域全球 101 位优秀学者的跨学科性[6]。和晋飞等在 Pratte 文档集中度算法[7]的基础上，对学者发表的论文进行研究，提出学者跨学科专业度测度指标[8]。从以上两方面展开的交叉测度研究，其关键在于成果所属学科的界定。但是，现有学科界定问题还没有得到有效解决，仅依据成果所在期刊的学科来划分成果的学科存在严重偏差[9]。同时，这种只强调学术成果产出，只强调显性知识流动，而不关注学者之间的隐性知识传递，极其不利于学科交叉研究的开展。例如，Glänzel 和 Debackere 就提出将跨学科交叉测度方法分为基于知识流动的认知方法和基于合作关系的组织方法[10]，即利用文献被引、引用、耦合等基于知识流动的方法来测度学者跨学科交叉性，以及利用作者的合作网络基于合作关系对学者进行

[1] Nationlal Academy of Sciences, National Academy of Engineering, Institute of Medicine. Facilitating interdisciplinary research [R].Washington, D.C.: The National Academies Press, 2005(18): 2.

[2] 熊文靓，付慧真 . 交叉科学测度理论、进展与展望 [J]. 图书情报工作，2022，66（21）：132-144.

[3] 岳增慧，许海云 . 学科引证网络知识扩散特征研究 [J]. 情报学报，2019，38（1）：1-12.

[4] Porter A, Cohen A, David Roessner J, et al. Measuring researcher interdisciplinarity[J]. Scientometrics, 2007, 72(1): 117-147.

[5] Brillouin L. Science and information theory[J]. 1962.

[6] 李江 . "跨学科性"的概念框架与测度 [J]. 图书情报知识，2014（3）：87-93.

[7] Pratt A D. A measure of class concentration in bibliometrics[J]. Journal of the American Society for Information Science, 1977, 28(5): 285-292.

[8] 和晋飞，房俊民 . 一个跨学科性测度指标：作者专业度 [J]. 情报理论与实践，2015，38（5）：42-45.

[9] Shu F, Julien C A, Zhang L, et al. Comparing journal and paper level classifications of science[J]. Journal of Informetrics, 2019, 13(1): 202-225.

[10] Glänzel W, Debackere K. Various aspects of interdisciplinarity in research and how to quantify and measure those[J]. Scientometrics, 2022, 127(9): 5551-5569.

跨学科交叉测度，目前相关研究主要集中在前者，而关于后者的研究相对很少。Zhang 等强调在现实世界中，合作行为往往比引用行为更能体现作者之间的跨学科交叉关系[1]。因此，本章强调从学者合作关系的角度对学者进行跨学科交叉测度。

学者之间的相互合作有利于汇集技术力量、研究资源和集体智慧，从而提升科研质量[2]。由于不同学科知识的复杂性以及科研工作中专业化分工的显著趋势，跨学科合作必然成为学者开展跨学科研究的主流模式[3]。但是，要实现学者跨学科合作交叉测度，就要将每一位学者分配到唯一的学科[4]。例如，孙蓓蓓等依据 Web of Science 学科分类体系，利用特征词将学者机构划分到对应学科，实现了对单篇文章的跨学科交叉测度[5]。张琳等基于研究机构地址提取学科分类，从而实现了合作机构之间的跨学科交叉测度[6]。Abramo 等基于意大利学术体系，按照学科分类将学者划分归入一个学科领域（SDS），进而测度出版物的跨学科交叉性[7]。由此可见，在学者学科划分方面主要根据的是学者的教育背景、研究领域、研究机构等信息。考虑到依据期刊学科类别划分学者所属学科的不足，本章强调借鉴已有研究中使用研究机构来界定学者的学科类别，根据我国学科目录体系和学院设置的具体情况，利用学者所在机构的学科属性将学者映射到与其对应的一级学科中。

7.2.2　跨学科交叉测度指标

跨学科交叉测度指标强调以数值形式量化跨学科特征是一种有效的度量跨学科性的方法。关于跨学科测度指标，国内外学者提出了多种跨学科交叉测度指标，

[1] Zhang W, Shi S, Huang X, et al. The distinctiveness of author interdisciplinarity: A long-neglected issue in research on interdisciplinarity[J]. Journal of Information Science, 2022, 48(1): 90-105.

[2] 杨良斌. 科研论文合作在跨学科研究中的作用分析 [J]. 情报杂志，2013，32（6）：80-84.

[3] 王文平. 基于科学计量的中国国际科技合作模式及影响研究 [D]. 北京：北京理工大学，2014.

[4] Abramo G, D'Angelo C A, Di Costa F. Identifying interdisciplinarity through the disciplinary classification of coauthors of scientific publications[J]. Journal of the American Society for Information Science and Technology, 2012, 63(11): 2206-2222.

[5] 孙蓓蓓. 基于科学合作视角的交叉科学成果测度与影响评价研究 [D]. 郑州：华北水利水电大学，2019.

[6] 张琳，孙蓓蓓，黄颖. 跨学科合作模式下的交叉科学测度研究：以 ESI 社会科学领域高被引学者为例 [J]. 情报学报，2018，37（3）：231-242.

[7] Abramo G, D'Angelo C A, Zhang L. A comparison of two approaches for measuring interdisciplinary research output: The disciplinary diversity of authors vs the disciplinary diversity of the reference list[J]. Journal of Informetrics, 2018, 12(4): 1182-1193.

以对论文、期刊等学术对象进行跨学科交叉测度。其中最常用的是基于引文关系的交叉测度指标[1]，成心月等使用布里渊指数和 Hill-Type 指数，基于引文对 ESI 数据库物理和化学两个学科的热点论文的跨学科性进行测度[2]。Juan 等提出一个基于共被引网络的跨学科测度指标，在没有预先定义分类集的情况下对期刊和论文进行分析[3]。

当前，跨学科测度指标可以划分为学科多样性指标和网络凝聚性指标，学科多样性表征了跨学科的范围，凝聚性能够表征学科之间的聚集程度[4]。关于学科多样性指标的研究较为广泛，早期的研究主要提出了一些单一维度的指标。专业度、信息熵、基尼系数、辛普森指数、布里渊指数等指标被用于测度学科多样性[5]。Stirling 等提出的综合指标被称为 Rao-Stirling 指标，并得到广泛研究和应用。此外，Leydesdorff 等提出 DIV 指标[6]。Zhang 等在 $^qD^s$ 指标的基础上，论证了 $^2D^s$ 指标在跨学科测度中的适用性[7]。网络凝聚性揭示了各学科之间的联结程度和结构特征，主要在通过引用、耦合、共现等关系形成的网络中进行测度。通过对现有文献梳理，我们发现现有研究多使用单一指标测度网络凝聚性，如中介中心度、凝聚子群密度、网络密度、平均路径长度等。这些指标多是从社会网络分析引入的。Leydesdorff 提出利用中介中心度指标来对期刊进行跨学科测度，表示其跨学科中心性[8]。李长玲等利用 EI 指数测度互引网络中子群的凝聚程度和多个子群之

[1]　张宝隆，王昊，张卫. 学科交叉视角下的学科区分能力测度方法及分析研究 [J]. 情报学报，2022，41（4）：375-387.

[2]　成心月，刘逸云，叶鹰. 物理学和化学热点论文的跨学科性分析 [J]. 图书与情报，2020（3）：55-60.

[3]　Hernández J M, Dorta-González P. Interdisciplinarity metric based on the co-citation network[J]. Mathematics, 2020.

[4]　张琳，孙蓓蓓，黄颖. 交叉科学研究：内涵、测度与影响 [J]. 科研管理，2020，41（7）：279-288.

[5]　Leydesdorff L. Diversity and interdisciplinarity: How can one distinguish and recombine disparity, variety, and balance?[J]. Scientometrics, 2018(116): 2113-2121.

[6]　Leydesdorff L, Wagner C S, Bornmann L. Interdisciplinarity as diversity in citation patterns among journals: Rao-Stirling diversity, relative variety, and the gini coefficient[J]. Journal of Informetrics, 2019, 13(1):255-269.

[7]　Zhang L, Rousseau R, Glänzel W. Diversity of references as an indicator of the interdisciplinarity of journals: Taking similarity between subject fields into account[J]. Journal of the Association for Information Science and Technology, 2016, 67(5): 1257-1265.

[8]　Leydesdorff L. Betweenness centrality as an indicator of the interdisciplinarity of scientific journals[J]. Journal of the American Society for Information Science and Technology, 2007, 58(9): 1303-1319.

间的交叉程度，从而分析学科之间的交叉程度[1]。有学者从多样性和凝聚性角度提出综合指标，但是在凝聚性方面较为单薄[2]。综合考虑学科多样性和网络凝聚性有利于更全面地揭示跨学科交叉特征[3]。

虽然当前已有大量研究从学科多样性或网络凝聚性等视角提出跨学科交叉测度相关指标，但是其测度的对象仍主要聚焦论文、期刊等方面，尚未有从学者合作关系角度对学者进行交叉测度的相关指标，并且在跨学科测度的多指标体系的构建上也仍有待进一步完善。因此，本章提出从学科多样性和网络凝聚性两方面综合展开，基于合作关系聚焦学者本身，构建学者跨学科合作交叉测度指标体系，从多视角、多维度测量学者的跨学科合作情况。

7.2.3　学者合作预测

科学合作利用了学术界和研究领域的知识与物质资源，为学术共同体带来了显著的益处。然而，当前关于合作预测的研究主要集中于学科内合作。这些预测和推荐通常依赖于学者的论文、引用关系以及在特定领域内的合作历史展开。

一种常见的方法是利用社交网络分析来探讨学者的合作关系，包括构建合作网络图、提取网络特征，并整合这些特征的多维信息进行链接预测，从而实现学术合作推荐。Huang 等[4]采用逻辑回归构建了链接预测模型，并在 4 种科学计量学期刊中实证研究了该方法。Lande 等[5]验证了基于元路径和随机游走的预测算法，应用于量子通信和链接预测领域。Wang 等（2023）使用了 Node2Vec 和 Multi-node2Vec 算法[6]，将 3 种不同的引用关系（直接引用、共同引用和耦合）作为学者节点的属性，预测基因编辑领域的未来合作。这种以网络为中心的方法主

[1] 李长玲，纪雪梅，支岭 . 基于 E-I 指数的学科交叉程度分析：以情报学等 5 个学科为例 [J]. 图书情报工作，2011，55（16）：33-36.

[2] 陈赛君，陈智高 . 学科领域交叉性及对其测度的 Φ 指标：以我国科学研究领域为例 [J]. 科学与科学技术管理，2014，35（5）：3-12.

[3] Rafols I, Meyer M. Diversity and network coherence as indicators of interdisciplinarity: Case study in bionanoscience[J]. Scientometrics, 2010,82(2): 263-287.

[4] Huang L, Zhu Y, Zhang Y, et al. A link prediction-based method for identifying potential cooperation partners: A case study on four journals of informetrics[C]. In 2018 Portland International Conference on Management of Engineering and Technology (PICMET), 1-6.

[5] Lande D, Fu M, Guo W, et al. Link prediction of scientific collaboration networks based on information retrieval[J]. World Wide Web, 23, 2239-2257.

[6] Wang F, Dong J, Lu W, et al. Collaboration prediction based on multilayer all-author tripartite citation networks: A case study of gene editing[J]. Journal of Informetrics, 17(1), 101374.

要关注学者合作网络的结构属性，对于学者具体的研究内容和特性提供的洞察较为有限。

另一种常见方法是基于内容的学者合作推荐系统。这种方法通过建模学者的论文、摘要、关键词等，并利用机器学习和自然语言处理技术来推荐潜在的合作者。在这一领域，已经出现了大量研究。例如，有学者将网络特征与内容特征结合用于合作推荐。Park 等 [1] 在燃料电池膜电极组装技术领域，通过引用关系计算技术相似性，通过专利文本计算语义相似性，从而支持合作推荐。Huang 等开发了一种基于动态网络分析的学术合作推荐方法，考虑了学术合作和研究兴趣随时间的变化，并在信息科学领域进行了验证 [2]。Ebrahimi 等利用分析层次法（AHP）确定合作伙伴选择标准，并通过算法和大数据应用在生物信息学领域判断相关性，结合内容特征和专家意见建立了数学化的合作推荐模型 [3]。Song 等基于 43 篇统计学期刊论文的合作网络，计算了多种相似性指数用于链接预测，同时考虑了节点属性，如机构和研究兴趣 [4]。Xi 等 [5] 在智能驾驶领域综合考虑了研究者的兴趣和合作网络拓扑结构，利用 Word2Vec 模型提取基于兴趣的相似性，利用 Node2Vec 模型提取网络相似性，并通过 CombMNZ 排序方法整合结果。

然而，大多数此类研究主要集中在单一学科范围内，合作预测的对象也局限于学科内合作。关于跨学科合作推荐的研究相对较少，但跨学科合作的重要性日益凸显。随着学术领域的不断发展，人们越来越重视识别不同学科之间的潜在合作机会及其在促进知识交流和跨学科创新中的价值。为了有效地预测和推荐跨学科合作，有必要全面考虑学者的多方面信息，包括其学术背景、研究兴趣以及跨学科合作网络等多维因素。

[1] Park I, Jeong Y, Yoon B, et al. Exploring potential R&D collaboration partners through patent analysis based on bibliographic coupling and latent semantic analysis[J]. Technology Analysis & Strategic Management, 27(7), 759-781.

[2] Huang L, Chen X, Zhang Y, et al. Dynamic network analytics for recommending scientific collaborators[J]. Scientometrics, 126, 8789-8814.

[3] Ebrahimi F, Asemi A, Nezarat A, et al. Developing a mathematical model of the co-author recommender system using graph mining techniques and big data applications[J]. Journal of Big Data, 8(1), 1-15.

[4] Song X, Zhang Y, Pan R, et al. Link Prediction for Statistical Collaboration Networks Incorporating Institutes and Research Interests[J]. IEEE Access, 10, 104954-104965.

[5] Xi X, Wei J, Guo Y, et al. Academic collaborations: A recommender framework spanning research interests and network topology[J]. Scientometrics, 127(11), 6787-6808.

7.3 学者跨学科合作测度框架设计

合著发表科研论文是学者开展科研合作的最主要表现形式，本章提出基于学者合著关系对学者进行跨学科交叉测度。其研究框架如图 7-1 所示。

首先是数据获取，鉴于现有学者跨学科测度研究仅依据单一语种期刊文献的不足，对于中国学者势必需要综合其中文和英文两语种成果进行测度，因此本章提出分别从中国知网和 Scopus 数据库下载学者的中英文期刊文献，在抽取学者相关信息的基础上将中英文学者进行跨语言对齐；其次抽取学者所属院系信息，并根据院系所对应的一级学科将学者划分到相应的一级学科中。其中，在学科目录体系方面，本章依据国务院学位委员会和教育部颁布的《学位授予和人才培养学科目录》中的一级学科体系，而非 Web of Science 以及 Scopus 等数据库所遵循的国际学科目录体系[1]，强调从中国学科目录视域探索我国自主知识体系下的跨学科合作情况；然后，根据学者的合著关系以及所属学科构建学者跨学科合作网络；最后从学者跨学科合作这一新视角测度学者跨学科性，考虑到学科交叉的复杂性，相较于单一指标，多维指标体系更有望全面地测度跨学科多样性，因此提出从学科多样性和网络凝聚性两方面建立综合测度指标体系，分别测度每一位学者在跨学科合作中展现的学科多样特征，及其所跨学科之间的凝聚特征。

7.3.1 学者跨学科合作学科多样性测度指标

在学科多样性方面，学科丰富性（variety）、均衡性（balance）和差异性（disparity）是 Stirling 提出的学科多样性框架的 3 个重要维度[2]，这一理论框架一经提出就产生了广泛的影响，因此本章强调以这一三维理论框架为基础，基于学者合作关系，设计相对应的学者跨学科合作丰富度、均衡度、差异度指标[3]，以

---

[1] 章成志，吴小兰 . 跨学科研究综述 [J]. 情报学报，2017，36（5）：523-535.

[2] Stirling A. A general framework for analysing diversity in science, technology and society[J]. Journal of the Royal Society Interface, 2007, 4(15): 707-719.

[3] 霍朝光，王晓玉，但婷婷，等 . 学科交叉视域下中美两国学者学科交叉性测度与对比分析：以 Scopus 数据库为例 [J/OL]. 情报资料工作，1-15[2025-02-24]. http://gfgga60aabc7d15084 b00hv5ouupwxqqow6w0u.fhaz.libproxy.ruc.edu.cn/kcms/detail/11.1448.g3.20250113.1744.002. html.

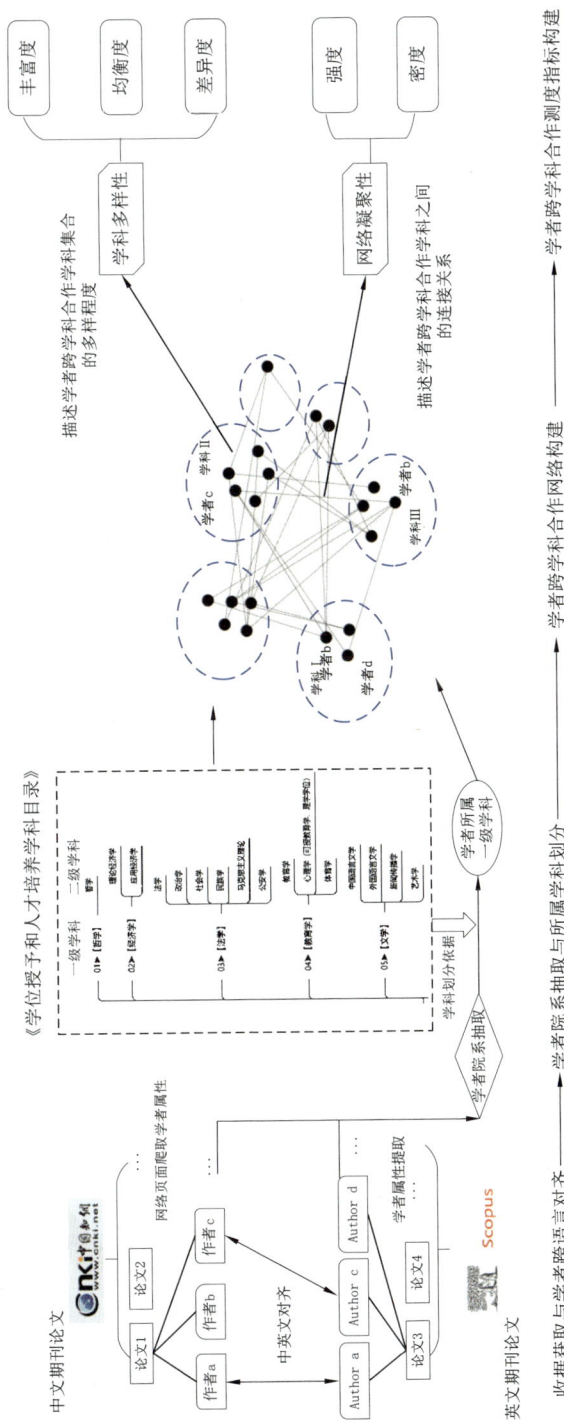

图 7-1　中国学科目录视域下的学者跨学科合作交叉测度与分析框架

期测度学者跨学科合作多样性。

1. 跨学科合作丰富度

跨学科合作丰富度（以下简称为丰富度）用于衡量学者跨学科合作所涵盖的学科种类丰富程度，是交叉科学测度研究的基本特性。早期研究从发文和引文角度提出了一些丰富度指标，但没有研究对学者跨学科合作丰富度进行测度。如专业度指标 S 测度一个研究团体在指定时间内发表的论文分布在哪些学科[1]；类外引用指标（COC）基于引文关系通过目标文献所属学科以外的其他学科文献比例衡量学科丰富程度[2]；Leydesdorff 等使用学科相对数量来表示引文涵盖学科的丰富性[3]。本章将丰富度作为测度维度之一，采用所跨学科的绝对数量来计算学者跨学科合作丰富度，即学者在跨学科合作网络中所有邻居的学科种类，学科种类越多，丰富度越大。如式（7-1）所示，n 代表学者 a 跨学科合作的学科数量。

$$\text{IDC}^a_{variety} = n \qquad (7\text{-}1)$$

2. 跨学科合作均衡度

跨学科合作均衡度（以下简称为均衡度）用于衡量学者跨学科合作的目标学者所属学科分布的均匀程度。基尼系数[4]、信息熵[5]都是均衡性的测量方法，通过基尼系数度量交叉科学研究中不同学科类别所占份额的差异，基尼系数约接近 0 表示学科份额越均衡。信息熵是常用的均衡性测度指标，信息熵越大，表示这些学科分布越均匀。杨良斌等应用信息熵指标测度研究领域引文分布的均衡性[6]，黄菡等使用信息熵测度某研究主题下引文来源的均匀程度[7]。然而，尚无研究用

[1] 熊文靓，付慧真. 交叉科学测度理论、进展与展望 [J]. 图书情报工作，2022，66（21）：132-144.

[2] Porter A, Chubin D. An indicator of cross-disciplinary research[J]. Scientometrics, 1985, 8(3-4): 161-176.

[3] Leydesdorff L. Diversity and interdisciplinarity: How can one distinguish and recombine disparity, variety, and balance?[J]. Scientometrics, 2018, 116: 2113-2121.

[4] Lerman R I, Yitzhaki S. A note on the calculation and interpretation of the Gini index[J]. Economics Letters, 1984, 15(3-4): 363-368.

[5] Shannon C E. A mathematical theory of communication[J]. ACM Sigmobile Mobile Computing and Communications Review, 2001, 5(1): 3-55.

[6] 杨良斌，周秋菊，金碧辉. 基于文献计量的跨学科测度及实证研究 [J]. 图书情报工作，2009，53（10）：87-90.

[7] 黄菡，王晓光，王依蒙. 复杂网络视角下的研究主题学科交叉测度研究 [J]. 图书情报工作，2022，66（19）：99-109.

信息熵衡量学者跨学科合作的均衡度。如式（7-2）所示，我们把信息熵引入学者跨学科合作测度中，构建了跨学科合作均衡度指标。j 是指学者合作所跨的学科，p_j^a 表示属于学科 j 的合作次数在学者 a 所有跨学科合作总次数中的占比。

$$\text{IDC}_{\text{balance}}^{a} = -\sum_j p_j^a \log\left(p_j^a\right) \tag{7-2}$$

3. 跨学科合作差异度

跨学科合作差异度（以下简称为差异度）用于衡量学者跨学科合作对应学科的差别程度。差异度常用学科之间的距离来表示，学科之间距离越远，差异性越大。在现有研究中，研究者通常利用引文矩阵来衡量学科之间的差异度，并引入了 Cosine[1]、Jaccard[2] 等相似度和距离指标。在本章中，我们根据学科合作矩阵获得每个学科的向量表示，学者 a 的学科用 i 表示，使用 Cosine 计算学科 i、j 之间的相似度 S_{ij}，学科间距离用 $1-S_{ij}$ 表示。如式（7-3）所示，p_j^a 表示属于学科 j 的合作次数在学者 a 跨学科合作总次数中的占比，用跨学科之间的加权距离来表示学者跨学科合作差异度。

$$\text{IDC}_{\text{disparity}}^{a} = \sum_j p_j^a \left(1-S_{ij}\right) \tag{7-3}$$

7.3.2　学者跨学科合作网络凝聚性测度指标

在网络凝聚性方面，考虑到现有研究使用单一指标测度网络凝聚性的不足，同时借鉴 Rafols 等提出的强度、密度、差异度 3 个指标[3]，本章强调基于学者合作关系，从强度和密度两方面设计相对应的跨学科合作指标，以期测度学者跨学科合作网络凝聚性。

1. 跨学科合作强度

跨学科合作强度（以下简称为强度）衡量的是学者跨学科合作交叉的程度，强度越大，表示学者跨学科越深入。现有文献中关于学者合作强度的研究较

---

[1]　樊霞，贾建林，王奥希 . 创新生态系统领域学科多样性测度研究 [J]. 现代情报，2018，38（8）：61-66.

[2]　马瑞敏，闫晓慧，申楠 . 学科交叉直接测度研究 [J]. 情报学报，2019，38（7）：688-696.

[3]　Rafols I. Knowledge integration and diffusion: Measures and mapping of diversity and coherence[J]. Measuring Scholarly Impact: Methods and Practice, 2014: 169-190.

多，但是针对学者跨学科合作强度进行研究的很少。常用的合作强度的测度指标有 Salton 指数[1]、Int_{ij}[2] 指数等。Salton 指数计算合作双方合著科研论文数量与两国各自的合作总量几何平均数的比值，Int_{ij} 指数定义为合作双方合著科研论文数量的二次方与两国发文总量乘积的比值，是 Salton 指数的平方。我们将 Salton 指数引入跨学科合作网络，通过计算跨学科合作学者双方合著的数量占两学者各自的合作数量的比值，来衡量两两之间的跨学科合作强度，并采用强度中心性[3]的思想来计算每个学者的跨学科合作总强度，即计算学者与其他学者跨学科合作强度的总和[4]。如式（7-4）所示，i 是指学者所属学科，j 是学者合作所跨的学科。c_{ij} 表示学者 a 跨学科合作关系，c_i 表示学者跨学科和学科内的所有合作关系。

$$IDC_{intensity}^{a} = \sum_{j} \frac{c_{ij}}{\sqrt{c_i c_j}} \tag{7-4}$$

2. 跨学科合作密度

跨学科合作密度（以下简称为密度）衡量的是学者跨学科合作关系的紧密程度。当前跨学科测度研究中较少关注跨学科密度指标。在学者合作网络研究中有合作密度的概念，常用网络密度表示网络中各节点之间联系的紧密度[5]，但没有学者跨学科合作密度的测度方法。在本章中，我们在网络密度公式的基础上提出学者跨学科合作密度指标。如式（7-5）所示，对于每个学者，其所在学科为 i，跨学科合作的对应学科为 j，学者跨学科合作关系 c_{ij}，$n(a)$ 表示该学者的跨学科合作子网络中的节点总数。

$$IDC_{density}^{a} = \frac{\sum_{j} c_{ij}}{n(a) \cdot [n(a) - 1]} \tag{7-5}$$

[1] Liang L, Zhu L. Major factors affecting China's inter-regional research collaboration: Regional scientific productivity and geographical proximity[J]. Scientometrics, 2002, 55(2): 287-316.

[2] 刘飞，毛进，李纲. 科学计量学领域科研合作特征及空间集聚模式研究 [J]. 情报科学，2022, 40（1）: 166-175.

[3] 刘承良，桂钦昌，段德忠，等. 全球科研论文合作网络的结构异质性及其邻近性机理 [J]. 地理学报，2017, 72（4）: 737-752.

[4] 孔翔，胡泽鹏. 文化邻近对"一带一路"沿线国家间科研合作强度的影响 [J]. 地理研究，2022, 41（8）: 2092-2108.

[5] 孙竹梅，汪志兵，韩文民，等. 考虑合作对象差异的科研产出多元聚合测度指标构建研究 [J]. 现代情报，2021, 41（11）: 130-139.

7.4　中国人民大学学者跨学科合作交叉测度

7.4.1　数据收集和处理

我们以中国人民大学学者为例对学者进行跨学科交叉测度。首先，分别从中国知网的中国期刊全文数据库和 Scopus 数据库获取中英文期刊文献数据。中文期刊文献限定来源类别为北大核心和南大核心期刊，作者单位限定为中国人民大学，出版年度范围为 2000—2022 年（检索日期为 2023 年 2 月 21 日），检索下载得到 85 540 条数据。英文期刊文献检索式为：AF-ID（"Renmin University of China" 60014402）AND LANGUAGE（English）AND PUBYEAR > 1999 AND PUBYEAR < 2023，检索下载得到 17 584 条数据。作者属性信息方面，鉴于 Scopus 数据库导出的文献数据中可以利用"Author with affiliations"字段直接提取作者和其对应的机构信息，但中国知网期刊全文数据库导出的文献数据中作者和机构的信息不是一一对应的，并且没有作者唯一标识，因此作者编写爬虫程序对中国知网文献页面的作者和机构的信息进行爬取，如图 7-2 所示，并将其加入中文文献数据。

经过去除重复数据、作者项缺失的数据，最后剩余中文文献 84 924 条，英文文献 17 560 条，接着进行如下处理，具体的数据处理流程如图 7-3 所示：将中英文文献数据清洗转换，提取作者与文献、作者与所属机构、中英文文献的作者关联关系、作者间合作关系等信息，并依次构建作者跨学科合作网络。

1. 作者和机构信息抽取

在高校中，我们认为学者的机构为学者所在的院系。从 Scopus 数据库导出的英文文献数据中，可以直接抽取作者和作者所在学校和院系。对于知网导出的中文文献数据和爬取的中文文献作者数据的处理步骤如下：首先，将只有一个作者的 46 259 条中文文献数据提取出来，单位信息即为此作者所属机构；第二步，将爬取数据中有作者和单位数字对应关系的 22 860 条文献的数据提取出来，根据数字对应关系将所属机构对应到作者；第三步，对于剩余 15 805 条文献数据，将作者数量和单位数量相等的数据进行作者和单位对齐。经过这三步处理得到的作者与单位对应关系相对可靠，在此基础上将作者数据进行聚合。按照作者同名消歧方法，认为同一个学校相同学院内相同名字的发生概率较小，可以作为同一

情报学报．2024 ,43 (12) 查看该刊数据库收录来源 ⓘ

66 ☆ < 🖨 🔔 ✍ 记笔记

基于大模型的政策反讽评论自动识别方法研究

霍朝光[1,2] 尹卓[1] 杨嫚[1] 杨万诚[1] 茹润钰[1] 霍帆帆[3] ✉

1.中国人民大学信息资源管理学院 2.中国人民大学数字人文研究院 3.中国科学技术信息研究所

摘要： 政策反讽评论是公众发表政策意见时，采取的一种极端和尖锐的表达方式，对其进行自动精准识别，是政策舆情监管的重要命题之一。鉴于当前鲜有关于政策反讽评论自动识别方法的研究，并且解决该问题困难重重，本文提出基于大模型框架构建政策反讽评论自动识别方法，分别基于ChpoBERT (Chinese policy BERT)、LLaMA-2、GPT-2、StructBERT等框架构建政策反讽评论自动识别模型，在爬取111628条新浪微博有效政策评论数据的基础上，手工对数据进行标注，构建了首个政策反讽评论数据集，为未来此方向的研究提供了数据支持。同时，根据数据有无话题标签的特征，将其进一步划分为带话题标签和不带话题标签两个数据集，分别用于模型训练和评估。研究发现，基于ChpoBERT构建的政策反讽评论自动识别模型，其精确率、召回率和F1值等指标最优，LLaMA-2次之；基于大模型框架构建的政策反讽自动识别模型，经过微调后，性能都比较有保障。本文构建的政策反讽自动识别模型，是针对此问题的首项研究，为未来该方向的研究树立了明确可对比的基线模型，为当下政策舆情监管提供了一种有效方法。

关键词： 政策反讽评论；大语言模型；自动识别；政策舆情；政策信息学；

基金资助： 国家自然科学基金面上项目"基于图机器学习的学科交叉主题识别与预测研究"（72374202）;国家自然科学基金青年科学基金项目"基于广度学习的学科主题演化预测研究"（72004221）;

专辑： 信息科技;社会科学Ⅰ辑

专题： 行政学及国家行政管理;新闻与传媒

分类号： G203;D035

在线公开时间： 2025-01-03 18:13（知网平台在线公开时间，不代表文献的发表时间）

图 7-2　中国知网中的作者所属机构信息爬取示意图

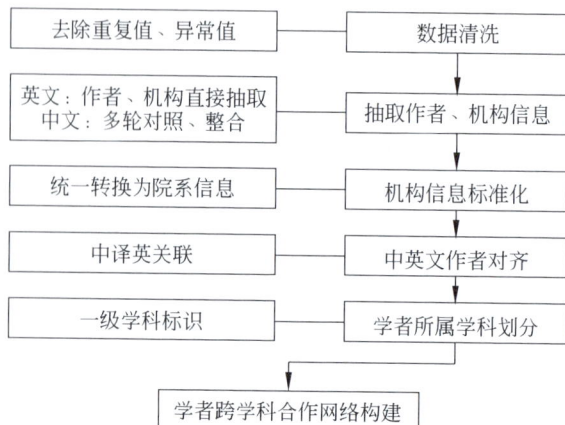

图 7-3　数据处理流程

个人进行处理；第四步，将剩余的文献中的作者与已有作者机构数据集逆向匹配以得到所在机构信息。匹配后最后剩余的 66 条文献数据，通过人工标注确定作者信息和机构。

2. 作者机构标准化

将中文文献中与中国人民大学相关但非中国人民大学的"附中""高中""小学""医院"等单位的作者进行去除，将名称为"课题组""项目组""小组""编辑部"等团体性的数据去除。将英文文献中混入的作者单位为"人民路""人民医院"的数据去除。

由于抽取出的作者对应的机构信息存在几个或多重单位的情况，我们需要对作者机构名称进行标准化处理。首先在官网采集中国人民大学的院系信息，以及下属的教学和科研中心，并建立对应关系。中文文献作者机构名称，通过以中国人民大学开头、以"学院""书院""研究院""体育部""系""中心""所""实验室""专业""站"结尾的表达式进行匹配处理。对于只有"中心""研究所"的机构信息，通过中国人民大学院系和科研中心对应关系确定其所属的院系机构。英文则通过识别以"school""institution""center"开头或结尾，将院系名称的英文关键字映射成中文，再对应到其院系。经过作者、机构信息的提取和标准化，最终从中文文献中得到 26 965 条作者数据，从英文文献中得到 7528 条作者信息。

3. 中英文作者关联

通过以上处理，我们分别得到了作者发表文章的中文名和英文名。接下来我们要将同一位作者的中英文名关联起来，以实现作者跨语言发表的文献信息的整合。中英文作者关联的思路是将作者中文名转换为汉语拼音，然后与作者英文名匹配。如果中英文名匹配且院系相同，则认为是同一个学者。在匹配过程中，由于存在多音字、复姓、姓和名前后顺序不一致等问题，我们考虑中文姓名中可能出现的多音字，并进行一对多转换，中文名字为 4 个字作为复姓处理。同时，由于作者英文名存在"名在前、姓在后"和"姓在前、名在后"两种情况，在中文名转拼音时，先对第一种情况进行匹配，然后对第二种情况进行匹配。此外，对于作者英文汉字拼音之间放入英文名的情况，以及单词比较多、名字比较长等情况进行人工处理。最后，中英文关联到 3587 条作者信息，将未关联到的中、英文作者信息一并放入作者信息表，共得到 30 906 条作者信息。

4. 作者所属学科划分

鉴于将学者划分到一级学科的可行性和必要性，以及学者二级学科划分所存在的较大争议，本章考虑将学者机构所属的一级学科作为学者的学科属性。通过对中国人民大学官网信息的采集和整理,以国务院学位委员会和教育部颁布的《学位授予和人才培养学科目录》为划分标准,得到中国人民大学一级学科和院系设置对应表,如表 7-1 所示。剔除一些只标注中国人民大学以及继续教育学院、网络教育学院等难以划分所属学科的作者 2700 位,最终得到 28 206 位学者以及其所属一级学科信息。

表 7-1　中国人民大学各院系以及对应的一级学科

一 级 学 科	院 系 名 称	学者人数
应用经济学	财政金融学院（1777 人）、应用经济学院（654 人）、国家发展与战略研究院（94 人）、首都发展与战略研究院（1 人）	2526
工商管理	商学院(2483 人）、中创业学院（3 人）	2486
公共管理	劳动人事学院（919 人）、公共管理学院（1543 人）	2462
法学	法学院（2401 人）、知识产权学院（5）、丝路学院（1 人）	2407
理论经济学	经济学院（2295 人）、中法学院（4 人）	2299
计算机科学与技术	信息学院（1533 人）、高瓴人工智能学院（79 人）	1612
新闻传播学	新闻学院	1359
哲学	哲学院	1265
环境科学与工程	环境学院	1174
社会学	社会与人口学院	1134
马克思主义理论	马克思主义学院	1129
中国语言文学	国学院（241 人）、文学院（811 人）	1052
农林经济管理	农业与农村发展学院	1041
信息资源管理	信息资源管理学院	1040
统计学	统计学院（947）、统计与大数据研究院（46 人）	993
政治学	国际关系学院	932
中国史	历史学院（766 人）、清史所（4 人）	770
化学	化学系	768
物理学	物理学系	450
心理学	心理学系	422
教育学	教育学院	223
外国语言文学	外国语学院	220
艺术学理论	艺术学院	179
数学	数学学院（145 人）、数学科学研究院（32 人）	177
体育学	体育部	47
语言学	国际文化交流学院	39

7.4.2　中国人民大学学者合作网络构建

在经过上述学者学科划分后，我们得到了中国人民大学 28 206 位学者所在学科，结合学者间的合作关系，我们构建了中国人民大学学者合作网络，如图 7-4 所示。其中节点表示学者，连边表示学者间的合作关系，此图中的合作关系既包括学科内合作，也包括跨学科合作，共有合作关系 40 838 条。其中，绿色节点表示产生跨学科合作的学者，黄色节点表示未产生过跨学科合作的学者，红色连边为学者间的跨学科合作关系，有 2811 条，蓝色连边为学者在学科内部的合作关系，有 38 027 条。由此数据可见，在中国人民大学中，绝大多数学者未进行过跨一级学科合作，占比 90.79%，仅有 9.21% 的学者有跨一级学科合作关系。从节点大小（度）来看，相较于只进行学科内合作的学者，进行跨学科合作的学者的合作范围显然更加广泛，合作对象更多。

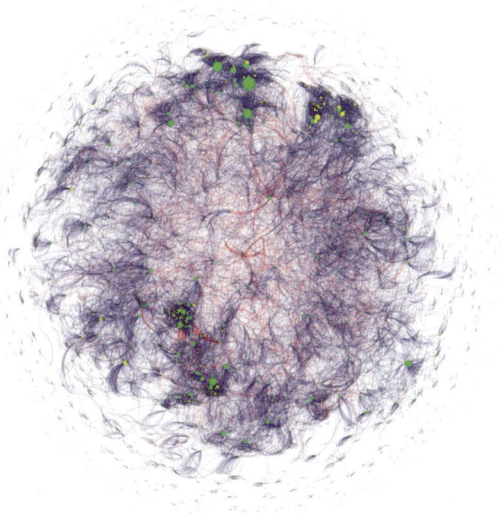

图 7-4　中国人民大学学者合作网络（一级学科内合作与跨一级学科合作）

筛除一级学科内部合作，则为学者跨一级学科合作关系，如图 7-5 所示。其中，节点表示学者，连边表示学者间的跨一级学科合作关系。中国人民大学学者跨一级学科合作网络共包含 2839 个节点，2811 条连边，不同颜色的节点分别表示不同学科的学者，由图可见，中国人民大学学者之间的跨一级学科合作是非常稀疏的，跨学科合作关系主要发生在 2~4 个学者之间，处于核心位置的学者相对较少，大多数跨学科合作关系产生后并未能聚集更多的连边，跨学科合作相对集中于某几个学科，如计算机科学与技术、公共管理、工商管理等。

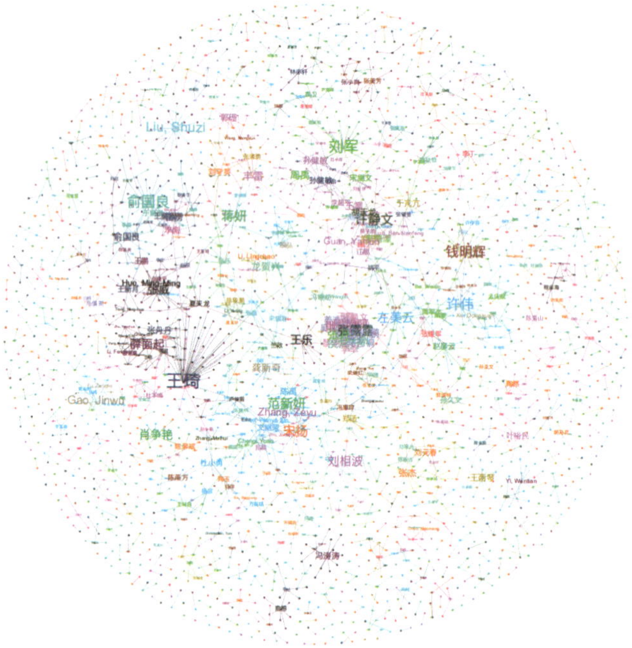

图 7-5 中国人民大学学者跨一级学科合作网络

7.4.3 中国人民大学学者跨学科交叉测度结果与分析

利用我们所构建的测度指标对中国人民大学的学者进行跨学科合作交叉测度，得到学者跨学科合作的学科多样性和网络凝聚性指标计算结果，每位学者的跨学科合作丰富度、均衡度、差异度等详细情况如表 7-2 所示。

表 7-2 学者跨学科合作学科多样性测度结果（前 10）

	学者	机构	丰富度	学者	机构	均衡度	学者	机构	差异度
1	宋少鹏	马克思主义学院	7	宋少鹏	马克思主义学院	1.733	许作良	信息学院	0.445
2	侯津柠	财政金融学院	7	杜小勇	信息学院	1.697	俞国良	教育学院	0.442
3	杜小勇	信息学院	6	江鹏	劳动人事学院	1.677	赵凤青	心理学系	0.435
4	江鹏	劳动人事学院	6	袁卫	统计学院	1.672	张祎	信息学院	0.431

续表

	学者	机构	丰富度	学者	机构	均衡度	学者	机构	差异度
5	袁卫	统计学院	6	文继荣	信息学院	1.651	龚新奇	数学科学研究院	0.415
6	文继荣	信息学院	6	侯津柠	财政金融学院	1.635	黄志勇	信息学院	0.414
7	许伟	信息学院	6	许伟	信息学院	1.598	于晓琪	教育学院	0.397
8	张露露	国际关系学院	6	伊志宏	商学院	1.561	王伟	信息学院	0.392
9	周艳丽	公共管理学院	6	蔡子君	劳动人事学院	1.550	殷弘	数学学院	0.387
10	张月	商学院	6	Zhao, Wanye Xin	信息学院	1.545	李锡荣	信息学院	0.376

从跨学科合作丰富度来看，排名最高的学者是来自马克思主义学院的宋少鹏，该学者与包括新闻传播学、政治学、中国语言文学等学科在内的 7 个一级学科的学者产生合作。来自财政金融学院的侯津柠的跨学科合作丰富度也为 7，所跨学科包括马克思理论、公共管理等。其余排名较高的 8 位学者的跨学科丰富度均为 6，分别来自信息学院、劳动人事学院、统计学院、公共管理学院等。通过对学校内总体计算结果进行统计，发现跨学科丰富度为 1 的学者占跨学科合作学者总数的 80.87%，丰富度在 3 以上的学者仅为 5.99%，可以看出中国人民大学的学者跨学科平均丰富度较低，大部分学者的跨学科合作对象集中在 2 个学科以内。

从跨学科合作均衡度来看，排名最高的学者是宋少鹏，其次是信息学院的学者杜小勇。宋少鹏、杜小勇等 7 位学者在跨学科丰富度和均衡性上均位于前列，可见这些学者在广泛地进行跨学科合作的同时，形成了均匀的跨学科合作分布。

从跨学科合作差异度来看，排名最高的是来自信息学院的学者许作良，其次是来自教育学院和心理学院的学者。可以看到，差异度排名靠前的学者分布的院系较为集中，其中 5 为来自信息学院，2 位来自数学学院和数学科学研究院，2 位来自教育学院，1 位来自心理学系。本章的学者跨学科差异度指标表征了学者所跨学科和本学科之间的距离，中国人民大学学者的跨学科合作差异度与学校的学科设置有关。在学科设置方面，中国人民大学致力于建立主干的人文社会科学学科体系，建设精干的理工科，其中信息学院、数学学院、数学科学研究院、物理系、化学系、心理系都位于理工学部之列。因此，从学科距离上看，理工学部的学者与中国人民大学的其他学者进行跨学科合作，相对更可能形成较大的跨学科合作差异度。

每位学者的跨学科合作强度、密度等详细情况如表 7-3 所示。从跨学科合作强度来看，排名靠前的是公共管理学院的学者陈秀山，其次是劳动人事学院的学者刘相波，以及信息资源管理学院的学者钱明辉等。跨学科合作强度较高说明学者与所跨学科的交叉程度较深，表示双方都在大力推进合作。但是，中国人民大学所有学者的跨学科合作强度平均值为 0.34，仅 2.05% 的学者跨学科合作强度大于 1，由此可见，中国人民大学学者的跨学科合作强度总体很低，一级学科间尚未形成深入的合作关系；从跨学科合作密度来看，跨学科合作密度越高，说明跨学科合作关系越频繁，与合作者的合作越紧密，中国人民大学学者的跨学科合作密度测度结果显示位居前列的是商学院的学者宋华，以及教育学院的学者张亚利等，综合来看密度较高的学者主要分布在商学院、教育学院、物理学系等。

表 7-3　学者跨学科合作网络凝聚性测度结果（前 10）

	学者	机　　构	强度	学　　者	机构	密度
1	陈秀山	公共管理学院	1.813	宋华	商学院	14
2	刘相波	劳动人事学院	1.681	张亚利	教育学院	7.5
3	钱明辉	信息资源管理学院	1.595	Yin, Qiangwei	物理学系	7
4	魏钦恭	国家发展与战略研究院	1.585	雷和畅	物理学系	6.833
5	吴克禄	劳动人事学院	1.578	靳娟娟	教育学院	5.5
6	孙健敏	心理学系	1.436	刘聪慧	心理学系	5.5
7	郭珊	公共管理学院	1.420	孙凯	商学院	5
8	乔延清	商学院	1.414	孔栋	商学院	4
9	黎晓奇	农业与农村发展学院	1.414	金朝霞	化学系	4
10	徐夫田	信息学院	1.414	都时昆	商学院	3

通过对各个院系所有学者测度结果求平均，得到各院系学者的平均跨学科合作丰富度、均衡度、差异度、强度、密度等值，如表 7-4 所示。在学院层面，国学院在丰富度、均衡度均为最高值，数学以及数学科学研究院在跨学科合作的学科多样性丰富度、均衡度、差异度 3 个指标方面排名均位居前列，统计与大数据研究院、高瓴人工智能学院在丰富度和均衡度方面排名也均较高。总体来看，在学科多样性排名中，靠前的院系主要为理工类院系。如前所述，理工学部的各学科与学校内其他人文社科类的距离相对较远，所以一经合作就会带来多样性提升，正如信息学院、高瓴人工智能学院和数学学院与人文社科的合作方向较广，因此这几个学院的学者丰富度、均衡度等跨学科合作指标平均值比较高，而物理系、化学系等院系未与人文社会科学形成广泛合作，因此跨学科合作在多样性方面表现较差；在网络凝聚性的两个指标方面，国学院、历史学院的跨学科合作强度最

高,其次是文学院,由此可见,中国人民大学聚焦人文理工交叉融合的"人大模式",把学科交叉作为人文社会科学的重要建设途径在此得以量化证实。同时也反映出中国人民大学在人文社科上的雄厚积淀是其开展学科交叉的突出优势,具有建设人文理工学科交叉的巨大潜力。

表 7-4　中国人民大学院系跨学科合作测度平均结果(前 5)

	学科多样性						网络凝聚性			
	机构	丰富度	机构	均衡度	机构	差异度	机构	强度	机构	密度
1	国学院	3.071	国学院	0.695	数学学院	0.424	国学院	0.584	物理学系	0.896
2	数学科学研究院	1.667	数学科学研究院	0.320	数学科学研究院	0.355	历史学院	0.584	教育学院	0.826
3	劳动人事学院	1.651	统计与大数据研究院	0.318	教育学院	0.212	文学院	0.549	化学系	0.697
4	高瓴人工智能学院	1.526	劳动人事学院	0.300	首都发展与战略研究院	0.185	国家发展与战略研究院	0.530	商学院	0.624
5	统计与大数据研究院	1.500	高瓴人工智能学院	0.277	体育部	0.163	国际关系学院	0.520	统计与大数据研究院	0.583

7.4.4　测度结果讨论

　　根据中国人民大学学者的跨学科合作测度结果,我们发现在中国人民大学内即使是进行过跨学科合作的学者,其跨学科合作丰富度也普遍较低。一些学者有跨学科合作意愿并付诸行动,但合作范围非常小。并且受限于一定的跨学科合作规模和合作倾向性,学者跨学科合作均衡度不高。学者是跨学科研究中的能动主体,因此应充分调动学者跨学科合作的积极性,形成知识、人才和资源的广泛流动,构建丰富的跨学科合作动态。但是在传统的科研评价体系下,跨学科成果难以得到认定,难以被合作者共享,尤其是大量的中文期刊论文成果,无法同时让来自不同学科的作者受到认可,直接制约着跨学科合作的开展,以及中国人民大学学科之间的交叉融合。总而言之,中国人民大学学者合作的生动案例和翔实数据更加警示了相关科研管理部门应当制定有效的评价指标和恰当的评价程序,对学者的跨学科研究进行有效管理,从而促进学者跨学科合作和交流。

　　此外,对于跨学科合作的学者,随着不断加深加强合作关系,更有利于形成一定的凝聚强度，小而精的跨学科合作团队一般具有较高的凝聚密度，因此学者跨学科合作的开展应当注重团队合作、优势互补。虽然近年来中国人民大学涌现了一大批跨学科研究，但是学者跨学科合作强度相对较弱，学科之间的交叉融合不够深入，在一定程度上反映出在具体的跨学科实践中学者往往易各自为政，不能深入理解所跨学科的学科内部逻辑和真实需求，最终导致跨学科研究深度不足。因此，未来学者跨学科合作评价体系应兼顾合作的深度和广度，推动学科深度融合，注重解决切实问题。

同时，本研究结果证实，不同学科门类的学者进行跨学科合作更易形成显著的差异度。例如，中国人民大学以学科交叉融合助力新文科建设的"人大模式"，强调立足于该校强大的人文社会科学学科优势，并结合精干的理工学科，生动诠释了如何借助学科距离相对较远的理工科来提升跨学科合作差异度，进而形成人大特色。当然，未来如何提升新工科、新医科、新农科、新文科等交叉方向的跨学科差异度，并锻造形成各自独特的交叉模式，对学科管理而言仍然是较大的挑战。

7.5 "清北人"三大高校学者跨学科合作交叉情况对比分析

7.5.1 数据收集和预处理

1. "清北人"三大高校中文科学文献与学者数据获取

本书利用知网高级检索功能，将作者单位设置为清华大学，文献类型选择为学术期刊，来源类别选择为北大核心、CSSCI，发表时间设定在 2010—2023 年，共检索到 77 613 条期刊文信息。通过编写 Python 爬虫获取科学文献的作者信息列表，在作者信息列表中，包括作者的编号、作者的姓名、作者详情页面 URL、作者所在院系、作者院系详情页面 URL。同理，再次检索并获取"北京大学"的文献数据共 73 100 条，"中国人民大学"的文献数据共 74 500 条。在文献数据集中，文献的学者信息是以 JSON 的格式存储在文献数据集的学者列表字段上，且一篇文献可能会有多位学者。通过编写 Python 脚本对文献数据集进行解析，获取学者编号、学者名称、学者详情 URL、学者学校，形成清北人三所高校学者数据集。最终，共获取 41 220 位清华大学学者信息，30 839 位北京大学学者信息，25 671 位中国人民大学学者信息。

在学者所属机构信息处理完成后，进一步获取学者的专业信息，以识别学者所属的一级学科。通过编写 Python 脚本遍历学者在知网中的详情页面 URL，并使用 HTTP 请求从知网上获取学者的相关信息，主要包括作者关注领域、学者编号等，如图 7-6 所示。

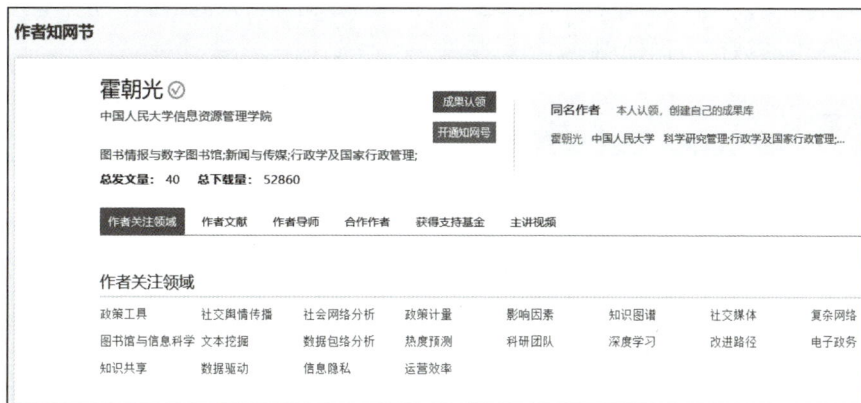

图 7-6　学者中文数据集采集流程

2. "清北人"三大高校英文文献与学者信息获取

英文文献数据通过 Scopus 网站进行获取。通过 Scopus 的检索功能，搜索组织信息为"Tsinghua University"的所有期刊论文，通过对文献类型筛选出"Article""Conference paper""Review"类型的文献，通过手动方式导出文献引文信息列表，文献共收集 170 292 条英文文献信息，文献内容包含学者名称集合、学者 ID、文献标题、文献详情 URL 等。同理，获取"Peking University"158 784 条英文文献数据，"Renmin University of China"15 693 条英文文献数据。获取期刊文献信息之后，通过搜索组织为"Tsinghua University"进入清华大学组织详情页面，可在此页面上手动导出所有清华大学的学者信息。清华大学的所有学者信息共计 77 905 条。所下载的学者信息包括学者名称、学者 ID、学者研究学科集合。通过同样的方法获取北京大学的学者信息共计 51 158 条，中国人民大学的学者信息共计 7556 条。

3. 基于中国学科目录的学者所属学科划分

为了获取学者在中国学科目录中所属的专业，本书将中国知网采集的研究领域数据与中国学科目录相映射，同时将 Scopus 数据库采集的英文研究领域与中国学科目录相映射。其中，将从知网采集的学者研究领域信息提取出来并做去重处理，共获取 164 条研究领域信息，通过关键词匹配、人工分析映射等方法，经过处理，成功将159个知网中研究领域映射至110个中国学科目录上。其中不乏多个研究领域同属一个学科专业，例如，金融、证券同属应用经济学。本章舍弃了5个中国学科目录中无法确定对应关系的研究领域，例如军事、特种医学、医学教育与医学边缘学科等。同理，将Scopus一级学科目录与中国学科目录做映射，通过去重合并等，共获得26条映射，其中对于"Multidisciplinary"这种本身为多学科属性的数据不做处理。

7.5.2 三大高校学者合作总体情况分析

1. 跨学科合作历年中英文文献总量分析

如表7-5所示，学者合作文献数量总体呈增长趋势，同时跨学科合作文献数量和占比也呈逐年递增的趋势。特别是2019年之后，跨学科合作占比增速明显变快，这有可能与2020年国家设置交叉学科门类、国家自然科学基金委员会交叉科学部成立等相关政策有关。通过分析英文与中文文献跨学科合作的占比可发现，英文文献所产生的跨学科合作占比要高于中文跨学科合作占比，这表明在英文科学研究中，学者更倾向进行跨学科合作。总的来说，学者合作发展趋势在不断增长，尤其近年来学者之间的跨学科合作变得更加频繁。

表7-5　三大高校学者合作总体情况

年份	跨学科合作文献数量/篇			合作文献总数量/篇			跨学科/总量		
	英文	中文	总计	英文	中文	总计	英文	中文	总计
2015	4275	3143	7418	20169	15901	36 070	21.20%	19.77%	20.57%
2016	4577	3095	7672	21222	15776	36 998	21.57%	19.62%	20.74%
2017	4931	3054	7985	23028	15669	38 697	21.41%	19.49%	20.63%
2018	5420	3109	8529	25133	15667	40 800	21.57%	19.84%	20.90%
2019	5634	3070	8704	26683	15731	42 414	21.11%	19.52%	20.52%
2020	6425	3266	9691	28941	15685	44 626	22.20%	20.82%	21.72%
2021	6515	3465	9980	27835	15915	43 750	23.41%	21.77%	22.81%
2022	6672	3587	10 259	27656	15396	43 052	24.12%	23.30%	23.83%
2023	6685	3619	10 304	27169	15142	42 311	24.61%	23.90%	24.35%

2. 三大高校跨学科合作文献情况分析

表7-6所示为清华大学、北京大学和中国人民大学在跨学科合作文献方面的情况。清华大学在跨学科合作文献数量方面表现最为突出，拥有45 894篇跨学科合作文献，占总合作文献的25.18%，这表明清华大学学者非常注重跨学科合

作研究，清华大学为学者跨学科合作提供了良好的保障机制。相比之下，北京大学和中国人民大学的跨学科合作文献数量分别为 30 513 篇和 11 824 篇，占总合作文献的 20.65% 和 14.57%。尽管北京大学的合作文献总量较高，但其跨学科合作文献数量和占比略低于清华大学，这反映出清华大学在跨学科合作环境方面更加鼓励学者，其跨学科合作氛围更浓。

表 7-6　各学校学者跨学科合作中英文的文献情况

学　校	跨学科合作文献数量 / 篇			合作文献总数量 / 篇			跨学科 / 总量		
	英文	中文	中英文	英文	中文	中英文	英文	中文	中英文
清华大学	26 925	18 969	45 894	111 380	70 861	182 241	24.17%	26.77%	25.18%
北京大学	18 097	12 416	30 513	90 652	57 137	147 789	19.96%	21.73%	20.65%
中国人民大学	2152	9672	11 824	12 863	68 274	81 137	16.73%	14.17%	14.57%

3. 各高校学者跨学科合作数量分析

表 7-7 所示为清华大学、北京大学和中国人民大学进行跨学科合作的学者数量。在清华大学的跨学科合作学者数量英文为 23 120 人，中文为 23 231 人，合作学者总数量分别为 40 518 人和 40 549 人，这说明清华大学大约一半以上的合作学者从事跨学科合作，英文跨学科合作学者占比分别为 57.06%，中文为 57.29%。在北京大学和中国人民大学也存在类似的情况，反映了各高校跨学科合作的学者总体情况。

表 7-7　各学校学者合作情况

学　校	跨学科合作学者数量 / 个		合作学者数量 / 个		跨学科 / 总量	
	英文	中文	英文	中文	英文	中文
清华大学	23 120	23 231	40 518	40 549	57.06%	57.29%
北京大学	14 878	15 480	28 676	29 248	51.88%	52.93%
中国人民大学	2572	8949	5892	25 014	43.65%	35.78%

4. 各学校各个专业跨学科合作频次与 Top15 学者分析

表 7-8 和表 7-9 展示了清华大学不同学科领域在跨学科合作学者数量和频次方面的排名情况。在排名前五的学科中，计算机科学与技术、电气工程、土木工程、材料科学与工程、环境科学与工程和经济学是合作学者数量和频次最高的学科。其他学科，如机械工程、化学工程与技术、电子科学与技术、化学和动力工程及工程热物理也在排行榜上排名较为靠前。中文与英文科学文献中学者跨学科合作频次排名虽有部分差异，但总体上一致。

表 7-8　　清华大学中文文献中跨学科合作频次 **Top15** 学科

排名	学　　科	频次	学者数	排名	学　　科	频次	学者数
1	计算机科学与技术	2880	1859	9	化学工程与技术	1317	848
2	电气工程	2783	1492	10	电子科学与技术	1287	821
3	土木工程	2616	1528	11	化学	1191	742
4	材料科学与工程	2265	1128	12	教育学	1186	678
5	环境科学与工程	2017	1234	13	测绘科学与技术	1114	578
6	经济学	2003	858	14	水利工程	993	482
7	动力工程及工程热物理	1387	666	15	社会学	963	468
8	机械工程	1356	740				

表 7-9　　清华大学英文文献中跨学科合作频次 **Top15** 学科

排名	学　　科	频次	学者数	排名	学　　科	频次	学者数
1	电气工程	3070	1480	9	化学工程与技术	1363	839
2	计算机科学与技术	3047	1783	10	电子科学与技术	1358	792
3	土木工程	2930	1492	11	教育学	1260	647
4	材料科学与工程	2401	1117	12	化学	1247	708
5	经济学	2522	741	13	社会学	1218	400
6	环境科学与工程	2225	1168	14	测绘科学与技术	1189	572
7	动力工程及工程热物理	1425	666	15	水利工程	1032	480
8	机械工程	1407	739				

　　表 7-10 和表 7-11 分别展示了北京大学不同学科领域在跨学科合作学者数量和频次方面的排名情况。由表可见，临床医学、经济学、社会学、环境科学与工程、计算机科学与技术是北京大学跨学科合作学者数量和频次较多的学科。

表 7-10　　北京大学中文文献中跨学科合作频次 **Top15** 学科

排名	学　　科	频次	学者数	排名	学　　科	频次	学者数
1	临床医学	2334	1377	9	药学	955	567
2	经济学	2009	855	10	应用经济学	838	439
3	社会学	1693	701	11	生物学	778	622
4	环境科学与工程	1433	930	12	地质学	708	577
5	计算机科学与技术	1108	888	13	政治学	626	360
6	公共卫生与预防医学	1104	646	14	农林经济管理	570	279
7	教育学	997	606	15	电气工程	522	225
8	土木工程	975	428				

表 7-11   北京大学英文文献中跨学科合作频次 Top15 学科

排名	学 科	频次	学者数	排名	学 科	频次	学者数
1	经济学	2614	735	9	应用经济学	1052	392
2	临床医学	2435	1349	10	药学	1034	562
3	社会学	1899	638	11	生物学	876	613
4	环境科学与工程	1623	878	12	政治学	753	309
5	计算机科学与技术	1242	837	13	地质学	735	574
6	公共卫生与预防医学	1147	644	14	农林经济管理	725	243
7	土木工程	1125	384	15	电气工程	650	202
8	教育学	1111	573				

表 7-12 和表 7-13 展示了中国人民大学不同学科领域在跨学科合作学者数量和频次方面的排名情况。经济学、社会学、应用经济学、农林经济管理、政治与行政学是中国人民大学跨学科合作学者数量和频次最高的学科，特别是在经济学领域，中国人民大学的跨学科合作频次最多，无论是中文还是英文，合作频次都位居榜首，由此也反映出中国人民大学在不同学科领域的合作实力和影响力。

表 7-12   中国人民大学中文文献中跨学科合作频次 Top15 学科

排名	学 科	频次	学者数	排名	学 科	频次	学者数
1	经济学	4937	2127	9	图书情报与档案管理	540	286
2	社会学	2302	919	10	法学	475	242
3	农林经济管理	1274	500	11	新闻传播学	456	250
4	政治学	980	530	12	马克思主义理论	399	183
5	教育学	742	440	13	数学	269	120
6	管理学	701	332	14	心理学	247	127
7	环境科学与工程	680	443	15	土木工程	221	131
8	计算机科学与技术	557	350				

表 7-13   中国人民大学英文文献中跨学科合作频次 Top15 学科

排名	学 科	频次	学者数	排名	学 科	频次	学者数
1	经济学	4038	1229	9	计算机科学与技术	669	319
2	社会学	2604	842	10	图书情报与档案管理	623	275
3	应用经济学	1770	679	11	法学	512	233
4	农林经济管理	1449	474	12	新闻传播学	507	229
5	政治学	1181	482	13	马克思主义理论	453	175
6	环境科学与工程	787	414	14	心理学	339	123
7	管理学	781	298	15	数学	292	119
8	教育学	750	392				

通过对清华大学、北京大学与中国人民大学跨学科合作优势学科对比分析可以发现，清华大学以工科为主导，强调技术和工程跨学科应用，学科多样性广泛，跨学科合作更多集中于应用型、工程型学科，具有高度的技术整合性。北京大学在医学和社会科学领域有突出的跨学科合作优势，特别是在医工结合与社会科学领域展现出深厚的学术传统和协同性。中国人民大学的跨学科合作集中在经济学和社会科学领域，尤其在政策研究、管理学和经济学交叉的领域表现出较强的跨学科合作深度和影响力。

7.5.3 "清北人"三大高校跨学科合作网络结构分析

1. 各高校学者跨学科合作网络结构

表 7-14 展示了各高校学者跨学科合作网络结构度量指标结果。其中，清华大学和北京大学在节点和边数量上略高于中国人民大学。然而，中国人民大学的网络直径比清华大学和北京大学要高，这意味着在中国人民大学的学者合作网络中，平均两个学者之间的距离更远。从中英文文献角度分析，中文合作网络的平均度和网络密度通常较低，这意味着平均每个节点连接的数量较少，网络中实际存在的连接与可能存在的连接之间的比率较低。相比之下，英文合作网络的平均度和网络密度相对较高，节点之间的连接更为紧密。中文合作网络的网络直径往往较长，而英文合作网络的网络直径相对较短，由此可见，学者在中文科学研究中的跨学科合作更加薄弱，此现象的出现明显与高校对学者中英科研成果不同的认可态度和评价机制有关，如何加强学者在中文科学研究时的跨学科合作意愿是高校科研工作改革的关键。

表 7-14　各高校学者跨学科合作网络结构

学校	节点数量		边数量		平均度		网络直径		网络密度	
	英文	中文	英文	中文	英文	中文	英文	中文	英文	中文
清华大学	23 120	23 231	121 907	15 530	4.76	2.91	22	31	1.90e-4	7.62e-5
北京大学	14 878	15 480	76 691	11 835	4.69	2.63	25	30	2.79e-4	7.99e-5
中国人民大学	2572	8949	8317	9986	3.02	2.49	39	33	9.39e-4	8.9e-5

2. 各个学科之间的合作网络

基于学者跨学科合作网络数据，本研究将其进一步转换聚合到学科层面，由此得到学科之间的合作网络，将中英文文献学科合作网络分别导入 Gephi 软件，依据 Fruchterman Reingold 算法进行图布局，根据节点度指标设置节点大小、颜色的深浅、学科标签的大小，节点圆圈越大，表示合作的学科越多；连边越粗，表示两个节点之间合作的频次越多。

如图 7-7（左）所示，在三所高校英文文献的学科合作网络中，工程管理、基础医学、物理学、计算机科学与技术、化学生物学、社会学以及材料科学工程等领域之间呈现出密切的跨学科合作关系。如图 7-7（右）所示，在中文文献的学科合作网络中，计算机科学与技术、环境科学与工程、教育学、电气工程等学科的跨学科合作关系较为紧密。

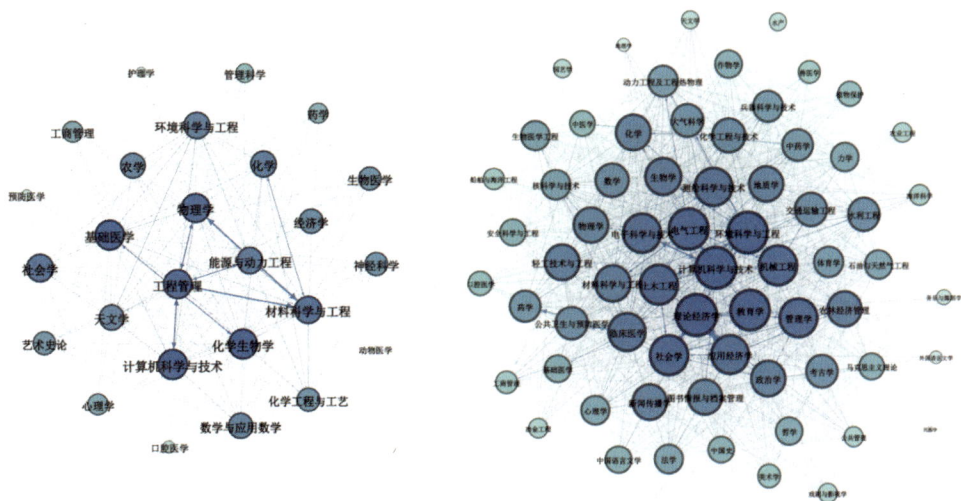

图 7-7　三大高校英文文献（左）与中文文献（右）中各学科合作网络

（1）清华大学各学科合作网络关系。基于清华大学学者跨学科合作网络数据，进一步转换聚合到学科层面，即得到清华大学各学科之间的合作网络。如图 7-8（左）所示，在清华大学的英文文献中，工程管理、基础医学、物理学、计算机科学与技术、化学生物学、材料科学工程等领域之间呈现出密切的跨学科合作关系。然而，如图 7-8（右）所示，在中文文献方面，计算机科学与技术、教育学、土木工程、环境科学与工程、机械工程、电气工程等专业的跨学科合作关系十分紧密，中英文有明显的差异，由此反映出清华大学学者针对不同语种的发文跨学科合作行为具有明显差异。

（2）北京大学各学科合作网络关系。基于北京大学学者跨学科合作网络数据，进一步转换聚合到学科层面，即得到北京大学各学科之间的合作网络。如图 7-9（左）所示，在北京大学的英文文献中，工程管理、基础医学、计算机科

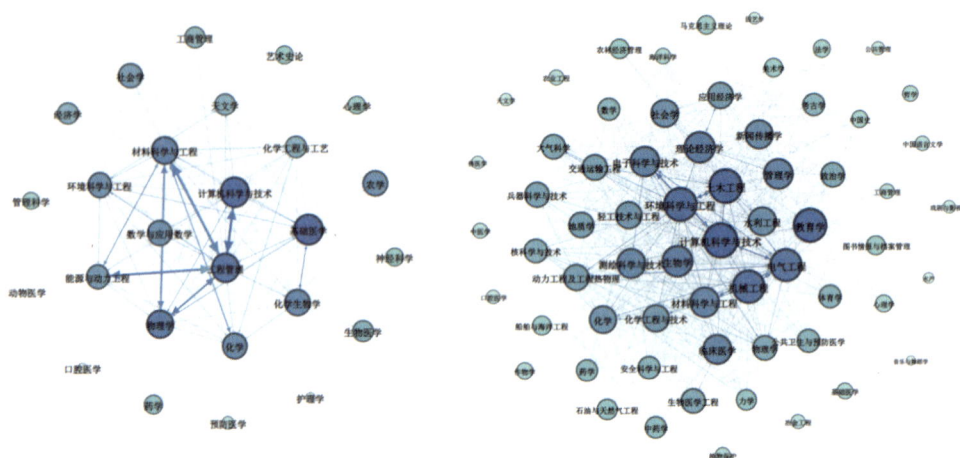

图 7-8　清华大学英文文献（左）与中文文献（右）中各学科合作网络

学与技术、化学生物学、社会学等领域之间呈现出密切的跨学科合作关系。然而，如图 7-9（右）所示，在中文文献学科合作网络关系中，环境科学与工程、教育学、理论经济学、计算机科学与技术、电气工程、社会学、生物学等学科的跨学科合作关系十分紧密，中英文文献差异也较为显著，同理也反映出北京大学学者针对不同语种的发文跨学科合作行为也具有明显差异。

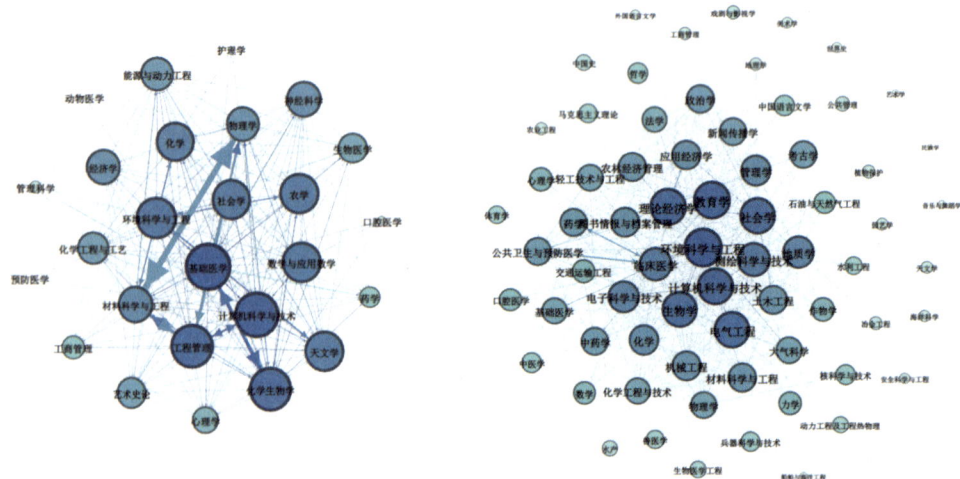

图 7-9　北京大学英文文献（左）与中文文献（右）中各学科合作网络

（3）中国人民大学各学科合作网络关系。基于中国人民大学学者跨学科合作网络数据，进一步转换聚合到学科层面，即得到中国人民大学各学科之间的合作网络。如图 7-10（左）所示，中国人民大学在英文文献方面，基础医学、环境科学与工程、计算机科学与技术、化学、社会学等领域之间呈现出密切的跨学科合作关系。但是在中文文献方面，如图 7-10（右）所示，跨学科合作较为紧密的却是社会学、理论经济学、环境科学与工程、农林经济管理、应用经济学、政治学、教育学等学科，由此反映出中国人民大学学者针对不同语种的发文，其跨学科合作行为差异更为显著，虽然不同学科之间的科研合作都带有学科属性和学科差异，但是中国人民大学的这种学科差异更为明显，如何改善这种中英文完全不同的跨学科合作现象，值得中国人民大学的科研管理和评价相关部门重视。

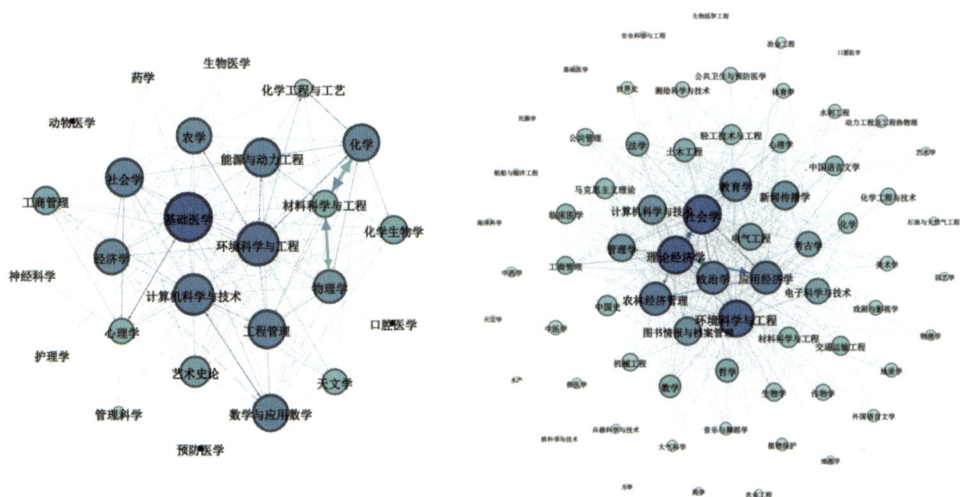

图 7-10　中国人民大学英文文献（左）与中文文献（右）中各学科合作网络

通过对三所高校对比分析可知，清华大学的跨学科合作集中于技术领域，合作深度较高，尤其是在计算机、工程、材料等学科之间的紧密合作，体现了应用研究的广泛布局，其中文期刊合作还体现了对社会基础设施和教育改革的关注。北京大学的合作领域更为广泛，覆盖文理两大类学科，尤其是社会学与自然科学的合作，展现出学术前沿领域的交叉创新。在中文期刊中，北大在政策、环境、教育等领域的合作说明其在社会应用研究方面的投入较大。中国人民大学的跨学科合作更集中在人文社会科学领域，具有明确的学科方向，尤其是社会学、经济学等方面，其与理工科的跨学科合作较为新颖，特别是对环境科学等学科的尝试显示出人大在社会与环境问题上的多维度研究路径。

7.6　学者跨学科合作预测框架设计

7.6.1　学者跨学科合作预测框架

针对跨学科合作预测，我们提出了一种基于图神经网络（GNN）的框架。该框架利用学者之间的关系和研究内容，为学者推荐来自其他学科的合作伙伴。框架结合了两类特征：研究内容特征，以促进跨学科知识的交流与融合；学科内合作特征，以挖掘潜在关系并帮助构建新的合作关系。如图 7-11 所示，框架包括以下 4 个步骤：①识别跨学科合作，从学者之间的所有合作中识别出跨学科合作关系；②学习研究内容特征，提取学者的研究内容特征，以推动知识的碰撞与融合；③学习学科内合作特征，提取学者的学科内合作特征，挖掘潜在的合作关系，助力构建新的合作；④特征融合与预测，通过 GCN、GAT 和 GraphSAGE 框架整合上述特征，预测学者之间的连接，并向学者推荐最具潜力的跨学科合作伙伴。

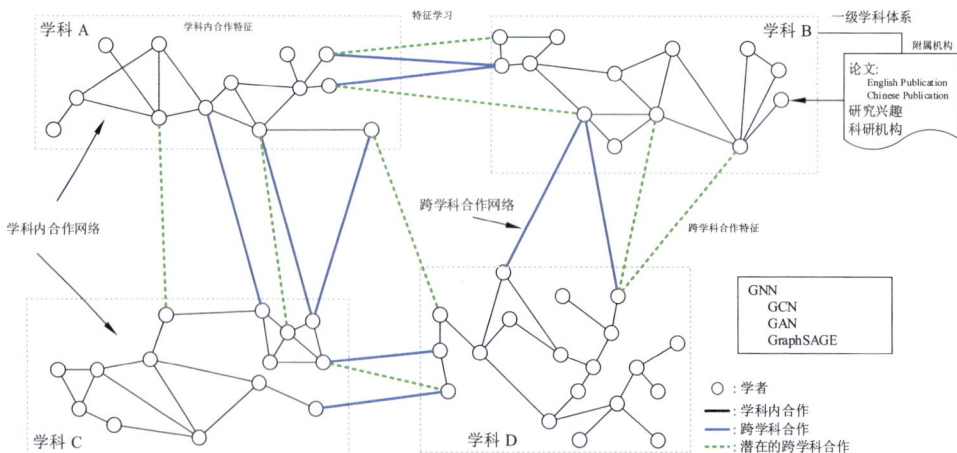

图 7-11　学者跨学科合作预测研究框架

7.6.2　学者跨学科合作预测模型

在研究内容特征和学科内合作特征的基础上，我们基于图神经网络（GNN）

框架构建了合作预测模型。GNN 是一种适用于图结构领域的深度学习方法。基于图的构建，该方法通过迭代地从邻居节点聚合特征信息，并将聚合后的信息与当前节点的表示相结合来实现[1]。GNN 广泛应用于图分析领域，在物理、化学等学科中具有实际价值[2]，常用于节点分类和链接预测等任务。

鉴于此前尚未有研究尝试在跨学科合作预测中应用 GNN 技术，且在学科内合作预测与预测领域相关研究也较为稀缺，本研究提出基于 3 种 GNN 框架——图卷积网络（Graph Convolutional Network, GCN）、图注意力网络（Graph Attention Network, GAT）和 GraphSAGE——构建跨学科合作预测模型。如图 7-12 所示，本章研究的目标是验证这 3 种框架，以及本研究设计的研究内容特征与学科内合作特征在跨学科合作预测中的有效性。

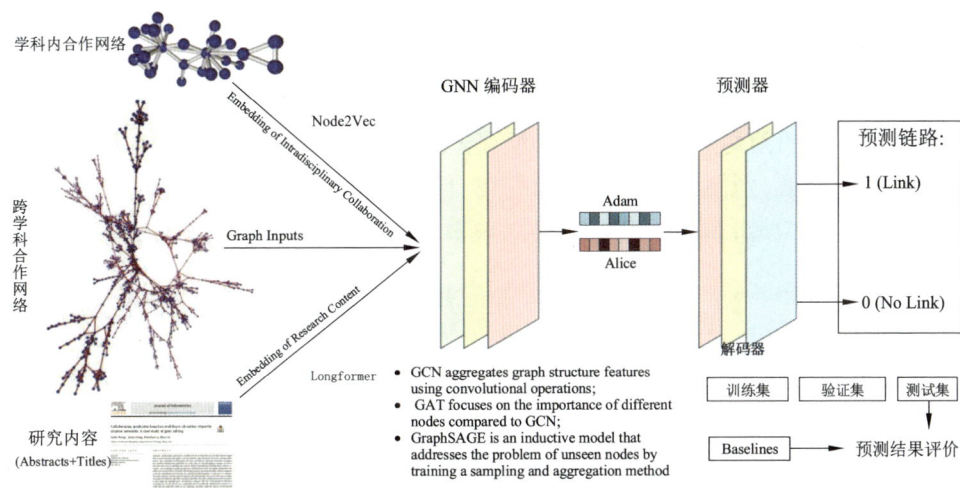

图 7-12　学者跨学科合作预测模型机理

7.6.3　实验设置

鉴于目前跨学科合作研究中缺乏现有基线，本研究将基于图神经网络和一个简单的跨学科合作网络作为基线。我们分别将研究内容特征和学科内合作特征整合到每个基线中，同时也将两类特征结合以进行全面的跨学科合作预测。通过与

[1]　Wu S, Sun F, Zhang W, et al. Graph neural networks in recommender systems: A survey[J]. ACM Computing Surveys, 55(5), 1-37.

[2]　Xia F, Sun K, Yu S, et al. Graph Learning: A Survey[J]. arXiv Preprint, 2021:00696.

基线方法的比较，我们旨在考查不同特征对跨学科合作预测的影响，目标是训练出一个具有较高准确性的模型。

数据方面，本实验选取 7.4 节中 28 206 位中国人民大学学者以及他们之间的 40 838 条合作关系作为数据集，并将数据集随机划分为训练集、验证集和测试集，比例分别为 85%、5% 和 10%。划分标准确保训练集中不包含验证集和测试集中已有的链接，验证集中不包含测试集中的链接。所有实验均在 PyTorch Geometric (PyG) 框架下进行。

7.6.4　性能评估

为了衡量模型的性能，我们选择了 AUC（曲线下面积）和 AP（平均精度）作为评估指标。AUC 得分的计算公式如下：我们通过链接预测模型获得每对节点之间连接边的预测值。以不存在的边为基准，如果一个已存在边的预测值大于一个不存在边的预测值，我们将此类情况记为 n_1。如果已存在边的预测值等于不存在边的预测值，则记为 n_2。如果已存在边的预测值小于不存在边的预测值，则记为 n_3。n 表示所有情况的总数。

$$AUC = \frac{(n_1 + 0.5n_2)}{n}$$

AP 计算过程涉及对边的预测值进行排序，并在不同召回率点上计算准确率的平均值。在前 L 个预测边中，如果有 m 个边可以被准确预测，则用下式定义 AP。考虑到训练集、验证集和测试集划分的随机性，我们进行了 10 次重复实验。在每次实验中，我们选择对验证集上 AUC 值最高的模型进行测试，以衡量模型在测试集上的性能。

$$AP = \frac{m}{L}$$

7.6.5　预测结果与讨论

为了确保在预测学者跨学科合作网络链接时得到准确且稳定的结果，本章进行了一系列细致的验证和分析。以基于跨学科合作网络和 GCN、GAT 及 GraphSAGE 的预测模型为基线，比较了在整合研究内容特征和学科内合作特征后的结果。在每个场景下，模型进行了 10 轮训练和预测，最终的 AUC 和 AP 值为这 10 轮结果的平均值，结果如表 7-15 所示。

表 7-15　跨学科合作预测评估

Features / AUC AP （average of 10 times）	GCN		GAT		GraphSAGE	
	AUC	AP	AUC	AP	AUC	AP
跨学科合作网络（基线）	0.7254	0.7042	0.5108	0.5061	0.6144	0.5974
跨学科合作网络 + 学科内合作特征	0.8189	0.8398	0.7859	0.7965	0.8037	0.8294
跨学科合作网络 + 研究内容特征	0.8038	0.8245	0.7973	0.8090	0.7724	0.7856
跨学科合作网络 + 学科内合作特征 + 研究内容特征	**0.8278**	**0.8566**	**0.8042**	**0.8094**	**0.8073**	**0.8358**

通过比较结果可以观察到，在各种特征下，GCN 的表现始终优于 GAT 和 GraphSAGE。例如，在没有特征的跨学科合作网络中，GCN 的 AUC 为 0.7254，AP 值为 0.7042，而 GraphSAGE 的 AUC 仅为 0.6144，AP 值为 0.5974，GAT 的 AUC 和 AP 值分别更低，分别为 0.5108 和 0.5061。通过图卷积操作，GCN 能够高效传播学者合作网络中的节点信息，有效捕捉节点邻居关系和整个网络结构，从而增强节点表示的稳定性，提高链接预测能力。另外，GAT 和 GraphSAGE 在其注意力机制和采样策略中引入了更多的随机性，可能导致节点表示中出现噪声，从而影响整体性能。

此外，当将附加特征整合到跨学科合作网络中时，AUC 和 AP 值都有显著提升。加入学科内合作网络特征后，GCN 的 AUC 和 AP 值分别增加到 0.8189 和 0.8398；加入研究内容特征后，GCN 的 AUC 和 AP 值分别为 0.8038 和 0.8245。GAT 和 GraphSAGE 也分别在 AUC 和 AP 值上有所提升。这表明，随着特征的整合，学者节点提供了更多的相关信息，使得模型能够更好地理解和处理复杂的图结构数据。例如，加入学科内合作网络特征后，模型能够从邻近节点中学习信息，从某种程度上缓解了节点孤立问题，增强了模型收集全局信息的能力；整合研究内容特征则丰富了节点的特定信息，有助于提高建模能力。

此外，本研究结合了学科内合作网络特征和研究内容特征。在 GCN 模型中，这使得 AUC 达到了 0.8278，AP 值为 0.8566。与基线相比，AUC 提高了 10.24%，AP 提高了 15.24%。GAT 和 GraphSAGE 也呈现出类似的结果。这表明，整合这两类特征进一步提升了模型性能，超越了单独使用任何一种特征的能力。可以推测，在这个跨学科合作网络中，学科内合作网络特征和研究内容特征相辅相成，使得模型能够同时考虑学者的学科内合作关系和个人研究兴趣，从而提供更准确的预测结果。

7.7 本章小结

对学者跨学科交叉性进行科学、合理、有效的测度有利于激发学者的创新意识，有利于推进学科交叉融合发展，并发挥交叉学科在科技创新中的重大作用。但在以往的研究中，学者跨学科交叉测度主要从学者发文和引文的角度展开，很少关注基于学者跨学科合作对学者进行测度。多数跨学科测度研究的主体来自单一的中文或英文，而没有对中英文检索平台的数据进行整合。本章提出基于学者合作关系，在整合学者的中英文期刊文献信息的基础上，从学科多样性和网络凝聚性两个视角创新性地提出了学者跨学科合作交叉测度指标体系，即跨学科合作丰富度、均衡度和差异度三维学科多样性指标，以及跨学科合作强度和密度二维网络凝聚性指标。同时，以中国人民大学学者为例，研究证实了本章提出的指标体系能够从 5 个维度较为有效地衡量学者的跨学科合作交叉性，本章构建的中国学科目录视域下的学者跨学科合作测度指标是对学者跨学科性测度视角的有效补充，综合中英文数据以及多维指标，更全面、客观地测度中国学者的跨学科研究情况。

目前，大多数研究集中于学科内合作预测，对于跨学科合作预测的关注较少。本研究引入了一项新的研究任务，即跨学科合作预测，旨在通过整合研究内容特征和学科内合作特征来提高预测的准确性。该方法基于 GCN、GAT 和 GraphSAGE 框架，以中国人民大学的学者为例，我们构建了一个跨学科合作数据集。在该数据集中，针对发表多语种论文的中国学者，我们首次实现了中文名与英文名的对齐，弥补了以往研究仅依赖英文或中文论文的不足。这一对齐过程为学术合作分析与预测研究中的跨语言对齐提供了参考。此外，这也是首个基于教育部一级学科划分的跨学科合作数据集，为跨学科合作预测提供了重要的数据支持。同时，我们提出了一种基于学者机构信息识别学者学科的方法。

相较于仅将跨学科合作网络输入 GNN 的基线方法，我们的方法通过整合研究内容特征和学科内合作特征，使 AUC 提高了 10.24%，AP 提高了 15.24%。鉴于此前关于跨学科合作预测的研究较为稀缺，我们首次在 GNN 框架下探讨了跨学科合作预测，并显著提高了准确率。预测结果表明，本研究方法在识别跨学科合作伙伴方面是有效的。总体而言，本研究提出的方法为未来的跨学科合作预测研究建立了新的基线。

第 8 章

基于图神经网络的跨学科引文预测

跨学科研究对于科学创新具有重要的推动作用，但是如何从海量学术资源中快速获取比较相关的参考文献，尤其是其他学科最有借鉴意义的文献，并转换为自己的研究基础，成为跨学科研究路上的难题。针对此问题，本章强调从引文预测的角度为学者推荐其他学科的文献，助力学者开展跨学科研究。鉴于现有研究鲜有关注跨学科引文预测问题，忽略了学者对其他学科文献的需要，本章构建了基于 GCN、GAT、GraphSAGE 三种图神经网络的跨学科引文预测模型，通过聚合文献内容特征与网络结构特征，捕捉和学习知识跨学科传播的规律，为学者推荐其他学科的文献，并以 PubMed 全量数据为例，提取得到 3356 万条跨学科引文关系，据此进行实证检验。研究发现，本章基于图神经网络构建的跨学科引文预测模型，当融合文献内容特征后，模型预测准确率显著优于只考虑引文网络拓扑结构特征的模型（无内容特征），其中基于 GCN 的跨学科引文预测模型效果最好，AUC 值达到 89.68%。本章首次提出构建跨学科引文预测模型，并利用 PubMed 全量数据进行了检验，为跨学科引文推荐提供一种有效的参考方法。

8.1 引　　言

跨学科研究对于促进科学创新具有重要意义[1]。学科间的分化与整合衍生出了许多具有学科综合性的复杂问题，单一学科范畴难以揭示其客观规律，跨学科知识融合成为必然趋势[2]。大量历史证据表明，创新性与突破性的学术成果往往发生在多个学科的交叉点上[3]。跨学科研究有助于打破学科壁垒，促进学科间的交叉融合，从而孕育出更具前瞻性的研究领域。2021 年 1 月，我国教育部将交叉学科设为单独的学科门类，更加确立了跨学科研究与交叉科学研究在国家科技发展中的重要地位。

跨学科引用是跨学科研究的基础，主要表现为学者以文献引用的形式将其他

[1]　Heidi L. How to solve the world's biggest problems[J]. Nature,2015,525(7569).

[2]　索传军，肖玥 . 学科交叉研究的现存问题与未来展望 [J]. 图书情报工作，2023，67（1）: 144-152.

[3]　Y. Guo, X. Chen. Cross-domain scientific collaborations prediction with citation Information[C]. 2014 IEEE 38th International Computer Software and Applications Conference Workshops, Vasteras, Sweden, 2014, 229-233.

学科的方法、技术或理论等成果借鉴到其所在领域，形成自己研究的基础[1]。例如学者在撰写学术论文时，引用大量文献来支撑和论证自己的观点。而且跨学科研究涉及的数据、理论、方法、技术等内容往往涉及多个学科领域，如何从学术文献中找到与研究相关的跨学科文献是研究者面临的一大困难。目前，学术论文累积量正在飞速增长，学术论文数量年增长率已超过 7%[2]，科学论文中超过三分之一的引文来自其他学科[3]。然而，在面对海量的学术文献资源时，如何迅速在学术资源的"汪洋大海"中找到与研究相关的跨学科文献是科研人员面临的重大挑战。

引文预测的目标是为研究者推送可以为其研究提供支撑的文献[4]或为文本中特定段落推荐适合引用的文章[5]。现有研究从基于协同过滤的方法、基于内容过滤的方法、基于网络的方法等视角入手对引文推荐系统进行了较为全面的探索[6][7]。虽然有关引文预测的研究已经相对成熟，但目前针对跨学科引文预测的探讨仍然空白。引文预测系统并不会特意对学科内引用和跨学科引用进行区分，理论上也可以用于跨学科引文预测。但是，由于预测系统主要根据文献相关性进行推荐，来自相同学科的论文更容易被推荐，故非针对跨学科引用关系的引文预测系统很难实现跨学科引文推荐的目标。索传军等[8]指出，知识可以通过引用关系进行传递与转移。由于知识范围的限制，直接根据跨学科文献的内容判断是否对其进行引用是一件很困难的事情，研究者更倾向引用在引文网络中距离更近的文献。因

[1] VanRaan A F J, Van Leeuwen T N. Assessment of the scientific basis of interdisciplinary, applied research: Application of biblio-metric methods in nutrition and food research[J]. Research Policy, 2002, 31(4):611-632.

[2] The DBLP Team. DBLP computer science bibliography [EB/OL]. DBLP home page (2024-01-01) [2024-04-10].

[3] Rafols L. Knowledge integration and diffusion: Measures and mapping of diversity and coherence[R]. Measuring Scholarly Impact: Methods and Practice, 2014, 169-190.

[4] Strohman T, Croft W B, Jensen D. Recommending citations for academic papers[C]. Proceedings of the 30th Annual International ACM SIGIR Conference on Research and Development in Information Retrieval. 2007: 705-706.

[5] Färber M, Jatowt A. Citation recommendation: Approaches and datasets[J]. International Journal on Digital Libraries, 2020, 21(4): 375–405.

[6] Ali Z, Kefalas P, Muhammad K, et al. Deep learning in citation recommendation models survey[J]. Expert Systems with Applications, 2020: 162, 113790.

[7] Liang Y, Lee L-K. A Systematic Review of Citation Recommendation Over the Past Two Decades [J]. International Journal on Semantic Web and Information Systems. 2023, 19(1).

[8] 索传军, 王春明. 基于引文的知识转移类型与方式分析 [J]. 情报理论与实践, 2023, 46（4）: 114-121.

此，如何对文献语义特征、引文网络结构以及知识传递过程进行综合表征是实现跨学科引文预测的关键。

针对上述问题，本章构建基于图神经网络的链路预测模型。模型的基本思路是通过图神经网络算法聚合邻域节点特征并生成节点嵌入，然后基于节点嵌入预测两节点产生链接的概率，最后根据概率大小进行预测。该模型能够将文献内容特征与网络拓扑结构有机结合起来，从而实现对知识传递过程的捕捉，进而更有效地学习跨学科引用行为发生的规律。

8.2　相　关　工　作

关于引文预测研究，目前主要围绕协同过滤、内容过滤以及混合过滤三种思路展开[1][2]。因此本章着重对这三种思路进行系统梳理，并讨论其在跨学科引文预测中的适用性。

8.2.1　基于内容过滤的引文预测

引文预测可分为全局引文预测和局部引文预测[3][4]。全局引文预测强调为研究者推送可以支持其研究主干内容的文献，局部引文预测则强调针对具体的语句、段落或章节为研究者推送可以支持其具体观点的文献。前者有助于研究者把握研究领域的宏观发展趋势，后者则可以为论文局部内容提供细粒度的参考文献[5]。

[1]　Beel J, Gipp B, Langer S, et al. Paper recommender systems: a literature survey [J]. International Journal on Digital Libraries, 2016,17(4): 305–338.

[2]　Bai X ,Wang M ,Lee I , et al. Scientific paper recommendation: a survey [J]. IEEE Access, 2019, 79324-9339. PyG Team. PyG Documentation [EB/OL]. pyg.org (2024-02-16)[2024-04-10]. https://pytorch-geometric.readthedocs.io/en/latest/.

[3]　He Q, Pei J, Kifer D, et al. Context-aware citation recommendation[C]. Proceedings of the 19th International Conference on World Wide Web. Raleigh: ACM, 2010: 421-430.

[4]　Dai T, Zhu L, Cai X, et al. Explore semantic topics and author communities for citation recommendation in bipartite bibliographic network[J]. Journal of Ambient Intelligence and Humanized Computing, 2018(9) 957-975.

[5]　谢瑞霞，丁敬达，刘超，等 . 引文推荐研究综述 [J]. 图书情报工作，2023，67（12）：137-148.

不论是哪种预测类型，本质上都是基于内容相关性推送文献，就需要用到内容过滤法。内容过滤法侧重对于文本语义及文本语境的表征，通过挖掘文献主题、词句、段落、章节、上下文等内容的语义特征与结构关系，再根据语义相似性进行预测。基于内容过滤的引文预测主要有文本相似度和主题模型两种方法。

文本相似度是引文预测中最基础的方法之一。文本相似度方法的思路是将预测问题转化为检索问题，根据文本、摘要、引文上下文等信息生成查询语句，再计算查询语句与文档的语义相似度，根据相似度大小进行预测。例如，Tang 等通过分析检索词与文本内容间的关系进行论文预测[1]。路永和等提出了基于段落层级结构的预测方法，通过双向语义建模根据文本特征相似度进行实时的学术引文预测[2]。Huang 等利用神经概率语言模型，学习文章的分布式特征表示，再根据文本相似度进行预测。主题模型能够自动从大量文档中提取出主题信息，从而快速提炼出文献的主干内容。Bhatia 等通过运用主题模型对引文上下文进行处理，有效提升了预测效果。He 等结合了语言模型、主题模型、文本相似度和特征依赖模型等进行引文预测。Dai 等根据主题分布相似性和引用特征相似性的线性组合，定义了查询语句与候选论文相似度的排名得分函数，并以此为依据进行引文预测[3]。

跨学科引用本质上是通过借鉴其他学科的知识辅助和支持本学科的研究，而内容过滤法的优势在于能够直接捕捉文献间的内容关联。但在跨学科引文预测中，由于跨学科文献的内容相似度较低，单一地采用内容过滤法很难保证预测的准确性，因此需要和其他方法结合使用。

8.2.2　基于协同过滤的引文预测

用户偏好相关性是协同过滤方法的基本前提[4]。协同过滤法假设存在一定关

[1]　Tang J, Zhang J. A discriminative approach to topic-based citation recommendation[C]. Proceedings of the Advances in Knowledge Discovery and Data Mining. Berlin: Springer, 2009: 572-579.

[2]　路永和, 刘佳鑫, 袁美璐, 等. 基于深度学习的科技论文引用关系分类模型[J]. 现代情报, 2021, 41（3）: 29-37.

[3]　Dai T ,Zhu L ,Wang Y , et al.Joint model feature regression and topic learning for global citation recommendation[J].IEEE Access,2019,71706-1720.

[4]　Pennock D M, Horvitz E J, Lawrence S, et al. Collaborative filtering by personality diagnosis: a hybrid memory and model-based approach[C]. Proceedings of the 16th Conference on Uncertainty in Artificial Intelligence. San Francisco: Morgan Kaufmann Publishers, 2000: 473-480.

联的用户或对象具有类似的偏好和指向，因此可以通过历史行为、合作关系、文献耦合与共被引、关键词共现等各种关联为研究者推送相关文献。基于协同过滤的预测系统通常会构建一个用户评分矩阵[1]，该矩阵可以反映不同用户对不同项目的偏好程度，也可以反映不同用户间的相似性。2002 年，McNee 等首次将引文网络转换为"用户—项目"评分矩阵，并将其纳入了协同过滤框架[2]。Sugiyama 等为了降低新发表文献节点权重过低对预测效果带来的负面影响，通过协同过滤方法进行潜在引文识别，并提出了基于缺失值的协同过滤框架[3]。除直接引用网络外，文献耦合与共被引网络也可以反映文献间的关联。例如，McNee 等利用引文网络、文献引用、文献共引等信息构建评分矩阵，最终发现同被引频率较高的文献更有可能被预测。引文网络是反映文献关联性最直接的工具，但作者、合作、地域等信息也可以间接反映文献的关联。例如，He 等通过作者合作关系进行引文预测[4]；Zhou[5] 等结合引用、作者、位置等信息构建了多种关系，并运用半监督式机器学习方法挖掘文献相关性。协同过滤法也可以与内容过滤法进行结合，也就是混合预测。例如，Wang[6] 等结合协同过滤模型和主题模型的优势，提出了一个协同过滤主题回归（Collaborative Topic Regression, CTR）模型，用于论文预测。

协同过滤模型的优势在于能够通过引文网络、作者合作、论文归属等信息捕捉文献间的直接与间接关联，也可以通过结合内容过滤法捕捉文献间的语义相似度。但与图计算方法相比，协同过滤法难以准确表征网络的拓扑结构，因此很难捕捉知识传递的过程。协同过滤法基于历史数据构建评分矩阵，但跨学科引用的创新性与意外性高于普通引用，协同过滤法对新数据的预测能力还有待考证。

[1] Koren Y, Rendle S, Bell R. Advances in collaborative filtering[J]. Recommender Systems Handbook,2022, 91–142.

[2] McNee S M, Albert I, Cosley D, et al. On the recommending of citations for research papers[C]. Proceedings of the 2002 ACM Conference on Computer Supported Cooperative Work, 2002, 116–125.

[3] Sugiyama K, Kan M Y. Exploiting potential citation papers in scholarly paper recommendation[EB /OL]. [2015-04-25]. http://dl.acm.org/citation.cfm?id= 2467701.

[4] He Q, Pei J, Kifer D, et al. Context-aware citation recommendation[C]. Proceedings of the 19th International Conference on World Wide Web. Raleigh: ACM, 2010: 421-430.

[5] Ding Z, Zhu S, Yu K, et al. Learning multiple graphs for document recommendations [EB/OL]. [2015-04-25]. http://dl.acm.org/citation.cfm?id=1367517.

[6] Wang Chong, Bei D M. Collaborative topic modeling for recommending scientific articles [EB / OL].[2015-04-25]. http://dl.acm.org/citation.cfm?id =2020480.

8.2.3　基于图的引文预测

与协同过滤方法不同的是，基于图的引文预测关注的并非关联本身，而是由所有关联构成的各种关系的拓扑结构。作者不仅倾向于引用主题相关的文献，还会倾向于引用在引文网络中具有一定影响力或与自己存在一定关联的文献。Strohman 等结合了文本特征与引用特征进行引文预测，最终发现引用特征对于提升预测效果起着更加重要的作用[1]。Gupta 和 Varma 则结合了内容与图结构特征学习论文特征的表示，并采用链路预测方法进行引文预测[2]。此外，作者、论文、引文等不同类型的节点构成了异构信息网络，利用异构信息网络整合多类关系的特征有利于提高预测效果。段震等利用文献引用关系、文献与出版社关系、文献与作者关系等多类关系网络，提出一种基于异构信息网络的学术文献引文预测方法[3]。Ren 等利用异构文献网络挖掘具有共同偏好的社群，并将这一特征纳入了预测系统[4]。

基于图的引文预测强调利用网络拓扑结构，对节点、边以及节点与边的属性进行建模，从而更加精确地捕捉文献的特征。常用的方法包括基于随机游走的方法、基于网络表示的方法和基于深度学习的方法等。图神经网络作为一种处理非欧几里得数据的有效手段[5]，能够通过节点间的信息传递来捕捉节点间的依赖关系，具有强大的图表征能力。图神经网络在引文预测领域已经得到一定应用。Cai 等提出 GAN-HRBR 模型，利用生成对抗网络（GAN）获取了异构文献网络中图数据的低维嵌入，以此获取了网络表示[6]。Dai 等基于作者个性化信息提出上

[1]　Strohman T, Croft W B, Jensen D. Recommending citations for academic papers[C]. Proceedings of the 30th Annual International ACM SIGIR Conference on Research and Development in Information Retrieval. 2007: 705-706.

[2]　Gupta S, Varma V. Scientific article recommendation by using distributed representations of text and graph[C]. Proceedings of the 26th International Conference on World Wide Web Companion. Perth: ACM, 2017: 1267-1268.

[3]　段震，余豪，赵姝，等. 基于异质信息网络表示学习的引文推荐方法 [J]. 小型微型计算机系统，2021，42（8）：1591-1597.

[4]　Ren X, Liu J, Yu X, et al. Cluscite: Effective citation recommendation by information network-based clustering[C]. Proceedings of the 20th ACM SIGKDD International Conference on Knowledge Discovery and Data Mining, ACM, 2014.

[5]　Wu Z, Pan S, Chen F, et al. A comprehensive survey on graph neural networks[J]. IEEE Transactions on Neural Networks and Learning Systems, 2014, 32(1), 4-24.

[6]　Cai X, Han J, Yang, L. Generative adversarial network based heterogeneous bibliographic network representation for personalized citation recommendation[C]. Proceedings of the AAAI Conference on Artificial Intelligence, 32. AAAI, 2018.

下文感知引文预测的图神经网络模型 ASL[1]。樊海玮等则通过融合图注意力机制和知识图谱设计引文预测算法[2]。

基于图的引文预测综合了协同过滤法与内容过滤法的优势，既可以反映文献关联，也可以反映文献内容，同时还能最大限度地保留引文网络的拓扑结构信息。跨学科引用是一种复杂的学术现象，基于图的预测模型具有更加强大的表征能力和更加灵活的建模方法，相较于以协同过滤或内容过滤为主的预测方法更适用于跨学科引文预测问题。

8.3　研　究　设　计

本章基于图神经网络构建跨学科引文预测模型，强调通过学习跨学科引文网络拓扑结构以及节点文献内容特征，预测两篇文献间产生链接的概率，概率值越大，则预示这两篇文献之间越应当建立引文关系，即其中一篇文献应当引用另外一篇文献，两篇文献的作者在未来研究中可互相参考学习，以此实现跨学科引文预测。如图 8-1 所示，在跨学科引文网络中，本章将文献看作节点，将引文关系看作连边，其中实线为真实存在的引文关系，虚线为潜在的引文关系，通过预测潜在引文关系出现的概率即可实现跨学科引文预测。具体研究流程包括数据获取与信息抽取、数据预处理、跨学科引文预测模型构建、实验以及模型评估等。

本章以 PubMed 数据库为例，首先下载了其全量数据（截至 2023 年），并抽取出了所有文献的引文关系，以及题目、关键词、摘要、全文、作者、来源期刊、发表时间等元数据。其次，本章对数据进行了预处理，一方面，依据中国科学院期刊分区表大类学科分类目录，映射得到文献来源期刊所属学科，判定每篇文章所属的学科，并根据被引文献与施引文献的学科异同构建出跨学科引文网络；另一方面，本章对文献节点的内容特征与其他元数据信息进行了处理，并生成了节点的特征向量，并将其嵌入引文网络。然后，本章基于图神经网络构建了跨学科引文预测模型，分别利用 GCN、GTA 和 GraphSAGE 的编码器对邻居节点特征

[1] Dai T, Zhu L, Wang Y, et al. Attentive stacked denoising autoencoder with Bi-LSTM for personalized context-aware citation recommendation[J]. IEEE/ACM Transactions on Audio, Speech, and Language Processing, 2020, 28: 553-568.

[2] 樊海玮，鲁芯丝雨，张丽苗，等．融合知识图谱和图注意力网络的引文推荐算法 [J]. 计算机应用，2023，43（8）：2420-2425.

（1）数据获取与信息抽取

PubMed®
范围：全量数据
年份：≤2023

论文1　论文2　论文3　…　论文4

抽取引用关系

引文1　引文2　引文3　…　引文4

抽 取

题目、关键词、摘要、全文、作者、来源期刊、发表时间等

中国科学院期刊分区表大类学科
含SCIE、SSCI、A&HCI全部收录期刊

映射
匹配期刊学科

论文来源期刊

映射
匹配论文学科

论文

（2）数据预处理

构建跨学科引文网络

学科 A
论文
学科 C
学科内引用
跨学科引用
潜在跨学科引用
学科 B
学科 D

提取节点特征

Transformer
题目
关键词
摘要
作者

Normalize
作者
来源期刊
发表时间

（3）跨学科引文推荐模型构建

预测器：链路预测

拟合节点间产生链接的概率　→　预测潜在引用关系

生成节点嵌入

编码器：GNN

(a_1,b_1,c_1)
(a_4,b_4,c_4)
(a_2,b_2,c_2)
(a_3,b_3,c_3)

聚合节点特征

AGGREGATE

$\begin{bmatrix} a_1,b_1,c_1 \\ a_2,b_2,c_2 \\ a_3,b_3,c_3 \\ a_4,b_4,c_4 \end{bmatrix}$

$=(A, B, C)$

第k层　第$k+1$层

选择GNN

GNN
GCN
GTA
GraphSAGE

（4）跨学科引文推荐实验

	含节点特征	不含节点特征
GCN	1.图神经网络如何影响模型性能；	
GTA	2.节点特征如何影响预测效果；	
GraphSAGE	3.节点特征对不同GNN影响程度的差异。	

模型评价指标

两个维度
六组实验

AUC
AP

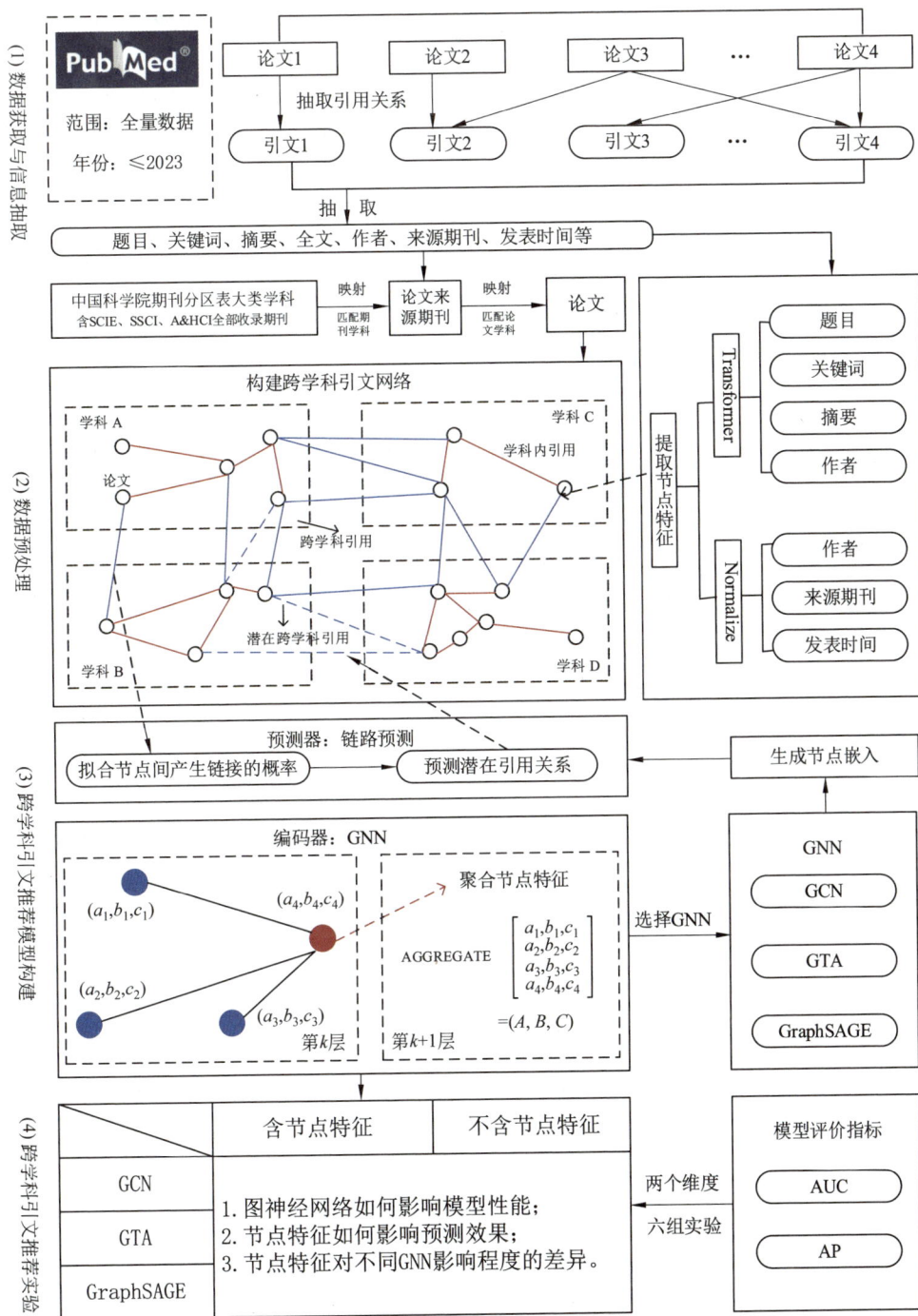

图 8-1　跨学科引文预测研究框架

进行聚合以生成节点嵌入，然后使用预测器拟合节点间产生链接的概率，并以此为依据进行跨学科引文预测。最后，本章从是否含节点特征以及编码器选择两个维度出发构建了 6 组对比实验，采用 AUC 和 AP 指标进行模型评价，并探讨了不同因素对模型性能的影响。

8.3.1　数据预处理

1. 跨学科引文网络构建

构建跨学科引文网络首先需要识别文献所属学科。本章依据中国科学院期刊分区表，该分区表对 SCIE、SSCI、A&HCI 全部收录期刊进行了分区，并提供了大类、小类两种分类体系。其中大类学科体系下共设有地球科学、生物学、医学、工程技术、管理学等 21 个学科。该分类体系分类粒度偏大，学科间差异较为显著、易于识别，能够更好地发挥跨学科引文预测模型的性能。本章将每篇文献的来源期刊映射到大类学科之下，并为其赋予唯一的学科标签，最终 PubMed 涉及的期刊和文献被分类到 18 个学科之下，期刊学科分布情况如表 8-1 所示。其中，综合性期刊数量最少，仅有 56 种。由于综合性期刊下属文献与其他各个学科可能存在不同程度的交叉，对预测结果存在一定干扰，因此本章在研究中将不再使用这部分数据。

根据引文信息及论文判断学科归属，在 36 525 430 篇文献中，共有 4 281 883 篇文献存在跨学科引用，共有 314 714 940 条引用关系，其中带学科标签的引用关系共有 61 259 582 条。如果被引文献与施引文献属于同一学科，则该引用关系属于学科内引用；如果被引文献与施引文献属于不同学科，则该引用关系属于跨学科引用。依此标准，最终抽取得到 33 561 254 条跨学科引用关系。

表 8-1　中国科学院期刊分区表学科分类情况

期刊学科性质	期　刊　数	期刊学科性质	期　刊　数
化学	389	人文科学	428
医学	3500	农林科学	675
数学	508	地球科学	449
法学	811	工程技术	1120
心理学	489	材料科学	373
教育学	238	综合性期刊	56
生物学	877	计算机科学	528
管理学	405	物理与天体物理	307
经济学	403	环境科学与生态学	375

2. 节点内容特征提取

网络中的节点拥有两类特征，一是节点自身的固有属性，二是网络的拓扑结构[1]。图神经网络算法通过聚合领域节点的特征，能够有效捕捉节点的拓扑结构，但无法直接抓取节点的固有属性。因此本章强调融合节点自身的内容特征，嵌入网络拓扑结构的学习，以此提升预测效果。

本章根据文献元数据及文献全文对节点内容特征进行学习。文献元数据是对文献属性的系统性描述，通常包含作者、来源期刊、题名、关键词、摘要、发表年份等词条，涵盖文献的内容、来源、影响力等多方面的特征。元数据信息越相似，文献间越容易产生关联。例如，某位作者同时在计算机和信息资源管理领域的期刊上发表了文献，则来自信息资源管理领域的学者有可能参考这位学者的研究成果引用计算机领域的文章。在所有词条中，部分词条属于结构化数据，能够直接使用归一化方法进行处理，如来源期刊、作者、发表年份等。题名、关键词、摘要、全文等属于非结构化数据，需要采取文本挖掘的方法进行处理。对于跨学科引用行为而言，语义相似性是一种更加直接的关联，能够反映不同文献在研究背景、研究问题、理论基础、研究方法、研究机制、研究结论等方面的相关性，从而提高跨学科引文预测的针对性。因此，本章强调采用 Longformer 框架对题目、关键词、摘要和全文四类文本信息进行特征学习。Longformer 采用融合局部与全局两部分的稀疏 Self-Attention 模式[2]，能够降低 Transformer 处理长文本序列时的计算复杂度，相较于 BERT 框架具有更强的长文本处理能力，能够更加有效地捕捉文献全文的特征。

8.3.2　跨学科引文预测模型构建

图神经网络通过聚合邻域节点的特征，不断迭代更新源节点特征以捕捉知识在网络中的传递，具有强大的图表征能力，有助于提升跨学科引文预测的准确率。因此，本章分别基于图卷积神经网络（GCN）、图注意力网络（GAT）和 GraphSAGE 三种图神经网络的编码器和预测器，构建跨学科引文预测模型。其中，编码器采用图神经网络算法对文献邻居节点的特征进行聚合，经过多轮迭代后输出含有引文网络结构信息的文献节点嵌入，预测器则根据节点嵌入计算文献节点相似度，并将相似度作为跨学科文献之间是否存在潜在链接的判断依据。

[1]　Bin Z, Petter H, Zaiwu G, et al. The nature and nurture of network evolution[J]. Nature Communications, 2023, 14(1): 7031-7033.

[2]　Beltagy I, Peters M E, Cohan A. Longformer: The long-document transformer[J]. arXiv Preprint: 2004.05150, 2020.

1. 编码器

本章采用了图卷积网络、图注意力网络和 GraphSAGE 三种图神经网络。图神经网络编码器通过文献节点连边来传递和聚合信息。图神经网络模型可以识别特定文献节点的邻居节点，并将邻居节点的特征传递给该节点，根据一定的规则对特征进行聚合后得到该节点的嵌入，经过多次迭代后可以得到文献节点的最终嵌入。

其中，图卷积网络借鉴了图像处理领域卷积神经网络中卷积的思想，将卷积运算应用于图网络上，通过堆叠多个卷积层从多级领域传递信息[1]，节点上累积的特征可以对图的整体特征进行有效的表达。图卷积网络层间传递方式如式（8-1）所示，其中 $H^{(l+1)}$ 是 l 层网络的输出，σ 为激活函数，$\tilde{A}=A+I$ 是含自连接在内的邻接矩阵，$\tilde{D}$ 是度矩阵，$H^{(l)}$ 是 l 层网络的输入，$W^{(l)}$ 为 l 层的权重矩阵，层间信息传递公式为：

$$H^{(l+1)} = \sigma\left(\tilde{D}^{-\frac{1}{2}} \tilde{A} \tilde{D}^{-\frac{1}{2}} H^{(l)} W^{(l)} \right) \qquad （8\text{-}1）$$

图注意力网络将注意力机制引入图神经网络，根据注意力机制学习到的邻域权重来聚合邻居节点的特征[2]。与图卷积网络不同，图注意力网络能够强化相似邻域节点的特征，但图卷积网络中所有邻域节点的重要性都是相同的。首先计算节点与邻居节点的注意力权重。如公式（8-2）所示，h_i 和 h_j 分别为节点 i 和邻居节点 j 的特征表示，W 为权重矩阵，α 为相似性度量函数，为使节点 i 的邻居节点权重可比，本章采用 softmax 函数对节点权重进行归一化处理如（式（8-3）所示），将注意力权重引入节点聚合函数，则可得到节点 i 的输出 h_i'（如式（8-4）所示）。

$$e_{ij} = \alpha\left(W h_i, W h_j \right) \qquad （8\text{-}2）$$

$$\alpha_{ij} = \text{softmax}_j \left(e_{ij} \right) = \frac{\exp\left(e_{ij} \right)}{\sum_{k \in N_i} \exp\left(e_{ik} \right)} \qquad （8\text{-}3）$$

$$h_i' = \sigma\left(\sum_{j \in N_i} \alpha_{ij} W h_j \right) \qquad （8\text{-}4）$$

[1] Fan W, Ma Y, Li Q, et al. Graph neural networks for social recommendation[C]. The World Wide Web Conference. 2019: 417-426.

[2] Kipf T N, Welling M. Semi-supervised classification with graph convolutional networks[J]. arXiv Preprint, 2016: 1609. 02907.

GraphSAGE 在图卷积网络的基础上引入了采样和聚合机制，提高了模型对大规模图的归纳表示学习能力。GraphSAGE 首先需要对邻域节点进行随机采样 [1]，再运用被采样的节点进行特征聚合。首先使用 Max-Pooling 操作聚合邻居节点特征，如式（8-5）所示，h 是节点 v 在第 k 层邻居节点的聚合特征，h 是邻居节点 u_i 在第 k 层的特征表示，W_{pool} 是用于池化的权重矩阵，σ 是激活函数。完成特征聚合后，可以对节点 v 的特征表示进行更新；如式（8-6）所示，h 为节点 v 在第 $k-1$ 层的特征表示，h 为节点 v 在第 $k-1$ 层邻居节点聚合特征，CONTACT 函数可以对向量进行拼接操作，w^k 是权重矩阵，σ 是激活函数。

$$h_{N(v)}^k = \max\left(\left\{\sigma\left(W_{pool}h_{u_i}^k + b\right)\right\}, \forall u_i \in N(v)\right) \quad （8\text{-}5）$$

$$h_v^k = \sigma\left(w^k \cdot \text{CONTACT}\left(h_v^{k-1}, h_{N(v)}^{k-1}\right)\right) \quad （8\text{-}6）$$

2. 预测器

预测器是根据由编码器输出的最终节点嵌入估计两节点间可能产生链接的概率。将节点特征矩阵 X 与邻接矩阵 A 输入上述 3 种编码器中，可以得到最终的节点嵌入 Z：

$$Z = \text{Encoder}(X, A) \quad （8\text{-}7）$$

对于任意节点 i，其节点的特征表示为 z_i。将目标节点与源节点特征表示的点积输入激活函数中，点积越大，两节点的相似性越高。如式（8-8）所示，z_i 和 z_j 分别是节点 i 和节点 j 的特征向量，$\hat{A}_{ij}$ 是链接 (i, j) 的预测概率，σ 是激活函数：

$$\hat{A}_{ij} = \sigma\left(z_i z_j^{\mathrm{T}}\right) \quad （8\text{-}8）$$

8.4　实验与结果分析

8.4.1　数据准备

本章采用的实验数据为 PubMed 数据库截至 2023 年底的全量数据。PubMed

---

[1]　Zhou J, Cui G, Hu S, et al. Graph neural networks: A review of methods and applications[J]. AI Open, 2020(1) 57-81.

是生物医学领域最权威的文摘类文献数据库之一，涵盖超 3700 万条文献的引文和摘要信息，收录文献的引文覆盖生物医学、生命科学、行为科学、化学科学以及生物工程等多个学科领域，构成了庞大的引用网络。之后，本章抽取出了文献 ID、作者、来源期刊、出版年份、题名、摘要、关键词、引文等信息，根据文献 ID 进行去重处理后，共得到 36 525 430 篇文献。其中，作者、来源期刊、出版年份、题名、摘要、关键词等信息可用于构建文献特征，引文信息可用于构建引文网络。

识别出跨学科引文关系后，本章运用 Gephi 工具对跨学科引文网络与学科间引用网络进行了可视化处理。如图 8-2 所示，其中图 8-2(a) 是跨学科引文网络，不同颜色代表不同学科，节点大小反映了节点的度，度越大，说明文献跨学科引用与跨学科被引的次数越多；图中度较大的节点大多为粉色、绿色和蓝色，说明该数据集中跨学科引用集中发生在少数几个学科中。图 8-2(b) 是学科间引用网络，反映了各学科间的引用情况，连边粗细代表引用数量的大小。其中，医学与生物学的引用频次以及化学对医学的引用频次显著高于其他学科，其他学科间的引用分布较为均衡。

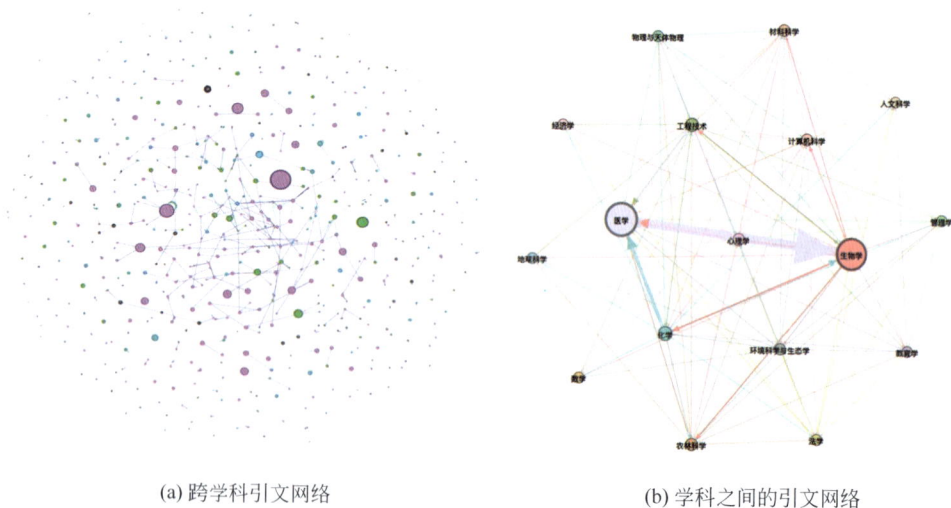

(a) 跨学科引文网络　　　　　　　　(b) 学科之间的引文网络

图 8-2　跨学科引文网络

8.4.2　实验设计

实验在 PyTorch Geometric（PyG）上进行，实验数据集共含有 4 281 883 篇文献和 33 561 254 条跨学科引文关系。跨学科引文预测模型由编码器与预测器两部分组成。本章选择 GCN、GAT 以及 GraphSAGE 三种图神经网络作为编码器，其中，GCN 与 GraphSAGE 编码器激活函数为 ReLU，GAT 编码器的激活函数为 ELU。然后，本章按照 85%、10% 和 15% 的比例将连边数据集划分为训练集、测试集与验证集三部分，选用 BCE 损失函数并采用 Adam 优化器进行模型优化，BCE 损失函数的形式如下所示：

$$\text{BCELoss} = \sigma\left(\hat{A}, A\right)$$

本章分别使用 3 种编码器进行实验。在每轮实验中，本章还对比了无节点特征和有节点特征下跨学科引文预测模型的性能。通过分析 6 组实验的结果，本章探讨了不同类型的神经网络以及节点特征对预测结果的影响，并进一步探究了节点特征与图神经网络类型的交叉影响。

8.4.3　评价指标

为评估模型性能，本章选择 AUC 和平均精度（AP）作为模型评价指标。AUC 为 ROC 曲线下方与坐标轴围成的区域面积常用于评价二分类模型对正负样本的分类能力。AUC 的值介于 0~1，值越大，模型性能越好。ROC 曲线的纵轴和横轴分别是模型的假阳性率（FRR）与真正率（TPR）。假阳性率与真正率基于 TP、FP、TN、FN 四个指标进行计算。TP 是正确预测为正样本的数量，FP 是错误预测为正样本的数量，TN 是正确预测为负样本的数量，FN 是错误预测为负样本的数量。真正率则表示模型正确预测的正样本数量占实际正样本数量的比例：

$$\text{TPR} = \frac{\text{TP}}{\text{TP} + \text{FN}}$$

假阳性率（FPR）表示模型错误预测的负样本数量占实际负样本数量的比例：

$$\text{FPR} = \frac{\text{FP}}{\text{TN} + \text{FP}}$$

AUC 表示为 ROC 曲线下的面积：

$$\text{AUC} = \int_0^1 \text{TPR}\left(\text{FPR}\right)\text{d}\left(\text{FPR}\right)$$

平均精度 AP 表示为 Precision-Recall 曲线下的面积，用来衡量模型在不同分类阈值下的表现效果。召回率（Recall）的含义和计算方法与 TPR 一致。准确率（Precision）则表示为正确预测正样本的概率，其计算方法为：

$$Precision = \frac{TP}{TP + FP}$$

AP 的计算方法为：

$$AP = \int_0^1 Precision(Recall)d(Recall)$$

8.4.4 实验结果与分析

本章分别对采用 GCN、GAT、GraphSAGE 三种图神经网络的模型进行了测试。对于每种模型，本章又进一步对比了无节点特征和有节点特征时的实验效果。

1. 基于 GCN 的预测结果

图 8-3 对比了节点特征加入前后 GCN 模型的预测表现。在训练集上加入节点特征后，AUC 指标提升了 15%，AP 指标提升了 14%。而在测试集上，节点特征引入后的提升效果则更加显著，AUC 指标提升了 40%，AP 指标提升了 25%。这说明加入文献内容特征有助于提高 GCN 捕捉文献相似性的能力，从而提升预测效果。

2. 基于 GAT 的预测结果

图 8-4 对比了节点特征加入前后 GAT 模型的预测表现。加入节点特征前，模型在训练集和测试集上的 AUC 和 AP 均为 0.5 左右。加入节点特征后，模型在训练集上的 AP 指标与 AUC 指标分别达到了 0.90 与 0.93，在测试集上的 AP 指标与 AUC 指标分别达到了 0.85 与 0.82。在无节点特征的情况下，GAT 模型的性能明显低于 GCN 模型；而在加入节点特征后，GAT 模型的性能得到了大幅提升，说明该模型对节点特征的敏感性要高于 GCN 模型。

3. 基于 GraphSAGE 的预测结果

图 8-5 对比了加入节点特征前后 GraphSAGE 模型的预测表现。加入节点特征前，模型在训练集和测试集上的 AUC 和 AP 均不足 0.5。而在节点特征加入后，模型在训练集上的 AP 指标和 AUC 指标均达到了 0.93，在测试集上的 AP 指标与 AUC 指标则分别达到了 0.86 与 0.76。在三类图神经网络中，GraphSAGE 对无节点特征网络的处理能力最差，加入节点特征对模型效果提升的幅度与 GAT 相当，说明 GraphSAGE 对于节点特征同样具有较高的敏感性。

4. 结果讨论

表 8-2 是三类模型分别在训练集和测试集上 AUC 达到最优时的评价指标得

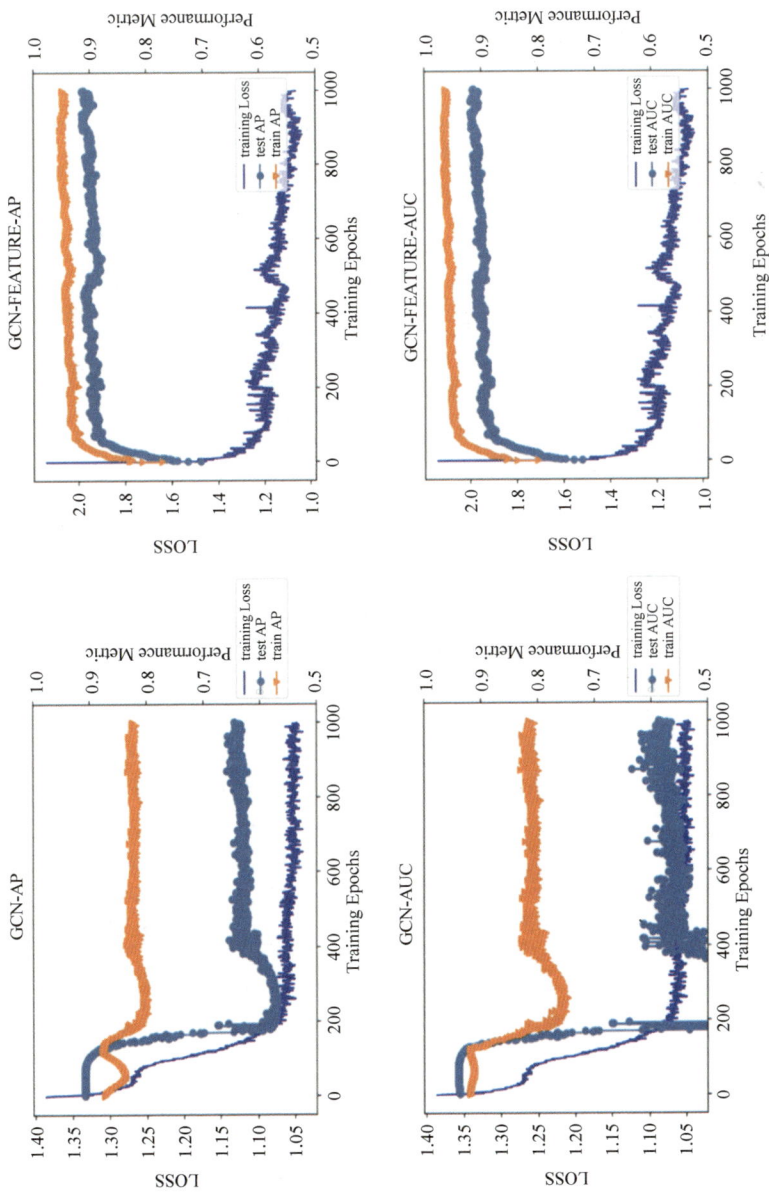

图 8-3　文献内容特征在 GCN 模型上的效果

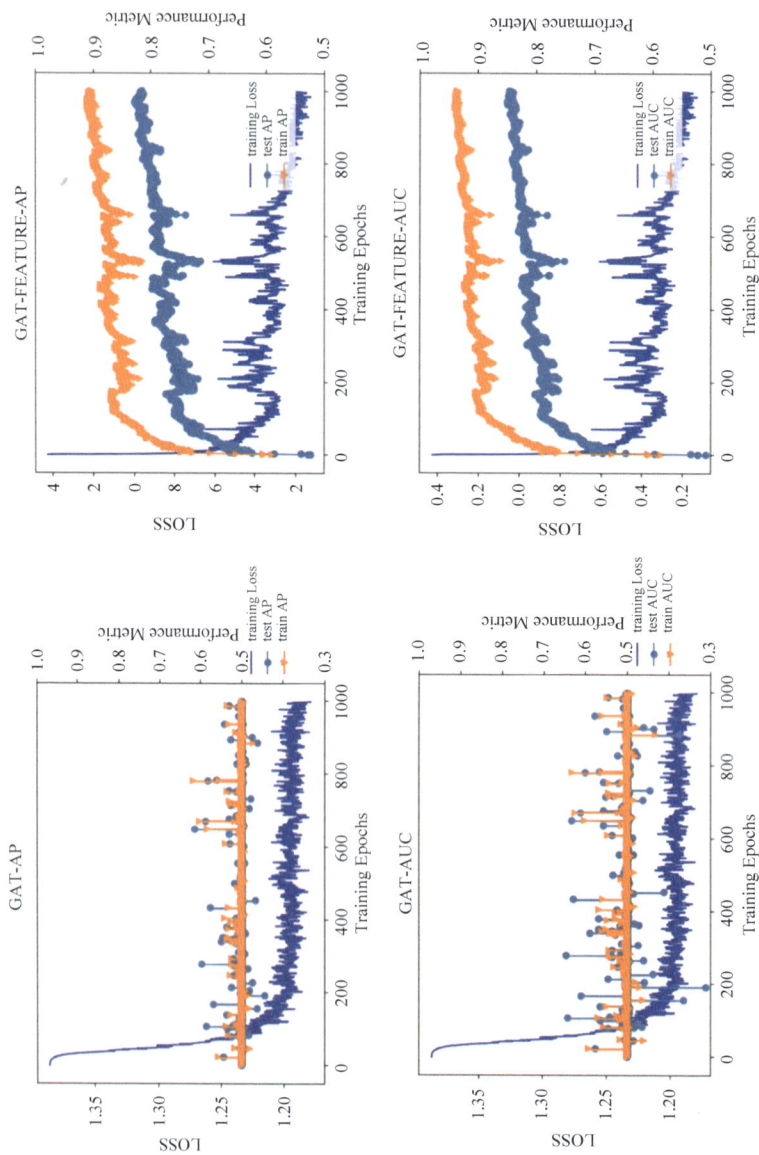

图 8-4 文献内容特征在 GAT 模型上的效果

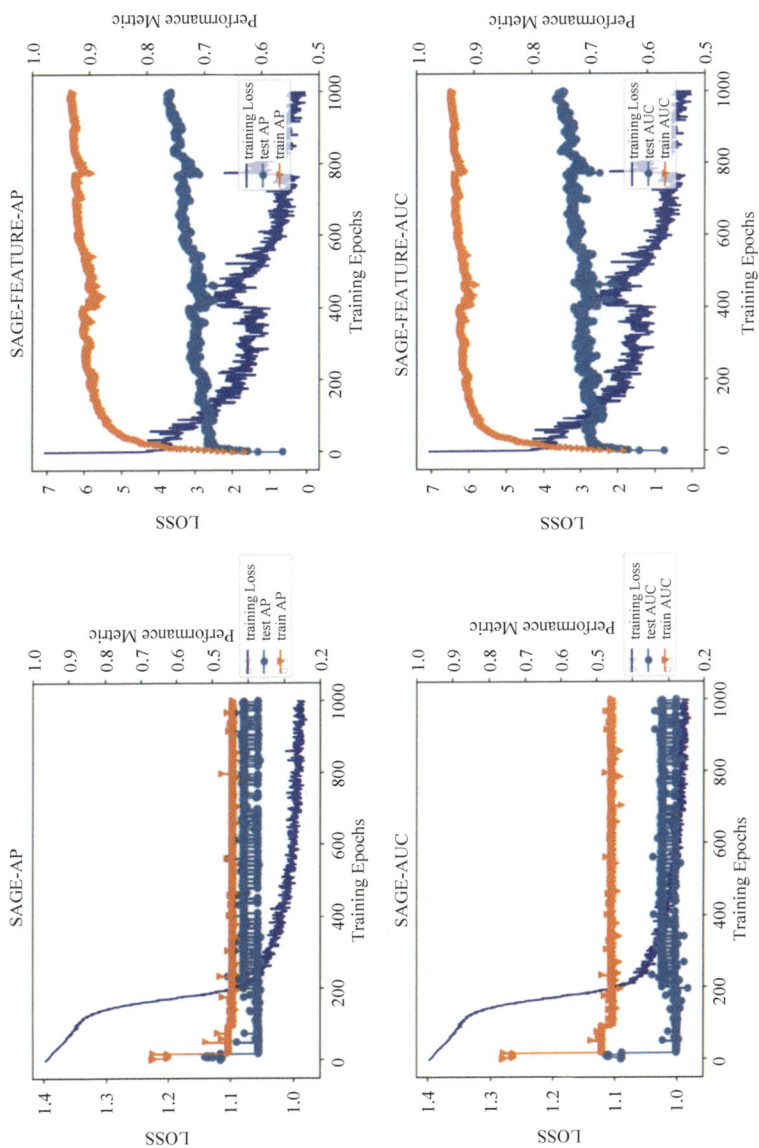

图 8-5　文献内容特征 GraphSAGE 模型上的效果

分情况。GCN 模型在训练集上对于节点特征的敏感性较弱，而在测试集上对于节点特征的敏感性较强，说明加入文献的内容特征能够有效提高 GCN 模型在跨学科引文预测任务中的泛化能力。GAT 模型在训练集和测试集上对于节点特征的敏感性均较强，加入文献节点的内容特征后，模型的性能得到了显著提升，说明 GAT 模型在跨学科引文预测任务中对于文献内容特征的依赖性更强。与 GAT 模型类似，GraphSAGE 模型对于节点特征的敏感性很强，且加入文献节点特征对模型性能的提升幅度要高于 GAT 模型，说明 GraphSAGE 模型在跨学科引文预测任务中，对于文献内容特征具有很强的依赖性。

在缺少节点特征的情况下，GCN 模型的性能显著高于 GAT 模型与 GraphSAGE 模型，GAT 模型则略高于 GraphSAGE 模型，说明 GCN 模型对于跨学科引文网络拓扑结构的表征能力明显强于 GAT 模型与 GraphSAGE 模型。而在有节点特征的情况下，3 种模型的性能差异明显缩小，但 GCN 模型的总体性能仍然最佳，其次是 GAT 模型，表现最差的是 GraphSAGE 模型。可见，在跨学科引文预测任务中，捕捉科学文献在背景、理论、方法等内容上的关联性对于提升模型性能起到了重要的作用，但并未起到决定性作用。GAT 在 GCN 的基础上加入了注意力机制，强化了与源节点更加相似的邻居节点的特征，但这一机制并没有提升模型效果，说明内容关联不是产生跨学科引用的决定性因素。而 GraphSAGE 的采样机制会导致网络拓扑结构信息的缺失，从而降低了模型的效果。

表 8-2 模型评价指标得分

模　型		AUC	AP
基于 GCN 的跨学科引文预测模型	无内容特征	60.13%	66.43%
	有内容特征	**89.68%**	**89.27%**
基于 GAT 的跨学科引文预测模型	无内容特征	50.12%	50.11%
	有内容特征	80.49%	77.23%
基于 GraphSAGE 的跨学科引文预测模型	无内容特征	30.25%	39.75%
	有内容特征	71.59%	72.13%

根据综合对比的结果，采用 GCN 的链路预测模型在有节点特征和无节点特征的情况下都具有较好的性能。加入节点特征能够提高跨学科引文预测的效果，模型对于网络拓扑结构的捕捉能力越强，加入节点特征后模型的综合性能越强。这说明，在跨学科引文网络中，由于知识领域的限制，研究者很难通过内容直接判断哪些跨学科文献与自己的研究相关，跨学科引用更容易通过知识在引文网络上的传递发生，因此对网络拓扑结构的捕捉于跨学科引用预测而言更加重要。

8.5　本章小结

　　本章以 PubMed 数据库为例，参考使用图神经网络的链路预测方法构建了跨学科引文预测模型。首先，本章采用 Longformer 框架对题目、关键词、摘要和全文的语义特征进行了挖掘，与文献的结构化元数据信息进行拼接后构成文献的特征表示。随后，本章利用 GCN、GAT、GraphSAGE 三种图神经网络算法对节点的邻域节点特征进行聚合。图神经网络可以捕捉节点信息在网络中的传递过程，因此可以同时刻画网络的拓扑结构以及节点的固有特征，具有强大的图表征能力。为了探讨图神经网络算法的差异以及是否加入节点特征对跨学科引文预测模型的影响，本章设计了 6 组实验，并以 AUC 和 AP 为评价指标，用来评估不同模型的性能。

　　研究发现：其一，无节点特征的情况下，GCN 的性能显著高于 GAT 与 GraphSAGE，说明 GCN 对于跨学科引文网络拓扑结构的表征能力更强；其二，加入节点特征能在不同程度上提高模型的性能，其中 GAT 与 GraphSAGE 对节点特征的敏感性显著高于 GCN，此外，加入节点特征还能提高 GCN 的泛化能力；其三，加入节点特征后，虽然 GAT 与 GraphSAGE 模型性能提升的幅度更大，但 GCN 的综合性能仍然高于其他模型，说明对网络拓扑结构的表征能力对于跨学科引文预测更加重要。

　　针对引文预测，本章首次提出进行跨学科引文预测，本章构建的模型通过捕捉知识在引文网络上的传递过程进行跨学科引文预测，相比于预测系统中常用的协同过滤法与内容过滤法，更加符合跨学科引用行为的发生机制。其中，采用 GCN 算法的链路模型表现出较强的综合性能与泛化能力，能够适应实际场景下的跨学科引文预测任务。本章也存在一定的局限性。首先，本章选择 PubMed 数据集作为实验数据来源，该数据集的文献主要来自生物医学领域，文献的学科分布不够全面均衡，可能会降低模型的泛化能力。其次，由于计算资源的限制，本章用于训练的数据规模有限，可能对模型精确度造成负面影响。后续可通过丰富数据种类、扩充数据量等方法对模型进行优化。

第 9 章

基于异构图神经网络的学者跨学科选题预测

9.1 引　言

　　跨学科研究对于科学技术的进步和社会的发展至关重要，许多重大科学问题的突破往往是在跨学科领域取得的 [1]。2021 年 1 月，教育部在 13 个学科门类的基础上宣布交叉学科为新的学科门类，以促进学科交叉和交叉学科的研究，这是建设中国特色自主知识体系的重要组成部分 [2]。在国家创新驱动发展战略的引领下，跨学科交叉已经成为科研创新的新常态。从科学发展的进程来看，学科之间的交流逐渐深入，知识交流日益频繁，学科之间的交叉和渗透也不断增强。有研究显示，学者之间跨学科合作有利于科研产出的提高 [3]，同时跨学科研究在一定程度上也能提高学者的学术影响力 [4]。选题是科学研究的开始，涉及后续时间和精力的投入，恰当的选题能够为研究指引方向 [5]。在跨学科研究中研究主题的选择同样十分重要，学者要明确自己的跨学科研究选题，这是开展跨学科研究的前提，也是跨学科合作成功的关键 [6]。

　　跨学科选题预测能够为有跨学科研究需求的学者提供选题指引，结合学者的特征为学者推荐恰当的跨学科选题，使其节省时间和精力。然而，现有的学术资源推荐研究多集中在学术论文和相似学者推荐等领域，对研究选题推荐关注较少。此外，已有的选题推荐研究多关注热点选题推荐或学科内选题推荐，在满足学者跨学科选题推荐需求方面表现不佳。一些新兴选题识别和预测研究没有把选题和学者联系起来，缺少对学者的个性推荐。

　　根据美国国家科学院《促进跨学科研究》报告对跨学科研究的定义：跨学科

[1] 颜建勇，李晓峰 . 设立交叉学科学位：培养研究生创新人才的可供选择 [J]. 高等工程教育研究，2017（1）179-184.

[2] 李立国，李登 . 设置交叉学科：打破科学割据，作彻底联合的努力 [N]. 光明日报，2021-2-7(11).

[3] Chakraborty T. Role of interdisciplinarity in computer sciences: Quantification, impact and life trajectory[J]. Scientometrics, 2018, 114: 1011-1029.

[4] 翟羽佳，周睿，李岩，等 . 科研人员跨学科性与个体学术影响力的因果效应分析 [J/OL]. 数据分析与知识发现：1-25.

[5] 霍朝光，张斌，董克 . 复杂网络视域下的学术行为预测研究述评：选题、合作与引用 [J]. 情报理论与实践，2021，44（6）：180-188，27.

[6] 李长玲，刘小慧，刘运梅，等 . 基于开放式非相关知识发现的潜在跨学科合作研究主题识别：以情报学与计算机科学为例 [J]. 情报理论与实践，2018，41（2）：100-104，137.

研究作为一种科学研究模式，通常是由来自两个或多个学科的专业团体相互合作，将信息、数据、方法、工具、观点、概念和理论等有效结合起来，以推进基本理解或解决单一学科难以解决的重大现实难题[1]。本研究关注向学者推荐其他学科的研究选题，我们使用的数据来自 Scopus 学术数据库中的文献记录数据。其中，学者是学术研究的主体，在文献记录中以作者的身份呈现。研究选题（以下简称为主题）是学术研究的核心内容和主要方向，可以用于代表一篇学术文献的主要知识单元。作者拟定的关键词是作者对文章选题和内容的高度概括和总结，虽然不同作者使用关键词的深度、广度不同，但是对于期刊论文而言，作者拟定的关键词往往最能准确地表达文章的主要内容[2]。基于此，本研究选取作者拟定的关键词作为研究选题，并对关键词进行还原和聚合处理。

本章以学者跨学科研究选题推荐为目标，构建基于异构图神经网络的预测模型，主要解决以下研究问题。问题一：如何界定学者与选题之间的跨学科关系。问题二：如何构建包含学者与选题在内的异构信息网络。问题三：如何构建基于异构图神经网络的预测模型。问题四：如何为异构图神经网络构建特征。

9.2　相　关　研　究

9.2.1　学者研究选题推荐研究现状

学术资源的高速增长为学术科研工作者选择学术资源带来了巨大挑战，而推荐方法可以帮助用户过滤掉无效信息，提升效率。因此，学者逐渐开始关注学术科研领域的推荐问题，在学术资源推荐中，学者可以被看作用户，学术资源被看作待推荐的项目，推荐系统的目标是把学术资源推荐给学者以满足其需求。经过对现有研究的整理发现，学术资源推荐的学术实体主要包括论文、期刊、学者、参考文献、主题、学术社区以及一些多媒体学术资源等。

在论文推荐方面，陈长华等基于 Word2Vec 算法计算待推荐文献与学者发表

[1] Nationlal Academy of Sciences, National Academy of Engineering, Institute of Medicine. Facilitating interdisciplinary research [R].Washington, D.C.: The National Academies Press,2005:18,2.

[2] Huang L, Chen X, Ni X, et al. Tracking the dynamics of co-word networks for emerging topic identification[J]. Technological Forecasting and Social Change, 2021,170:120944.

论文的相似度,向学者推荐馆藏学术论文[1]。熊回香等使用 Word2Vec 论文引用关系创建学者推荐模型和跨语言论文推荐模型[2]。李冉等将频繁使用主题作为学术热点构建论文–热点矩阵,基于学者对热点的偏好为学者推荐学术论文[3]。Bagul 等提出一个基于主题模型和距离的综合学术文献推荐系统[4]。Wang 等利用 LDA 主题模型对学术引文进行推荐[5]。在学者推荐方面,杨梦婷等基于学者动态兴趣建立聚类模型,为目标学者推荐研究兴趣相似的学者[6]。秦红武等从学者学术水平相似性、合作网络和研究兴趣 3 个角度构建合作学者推荐系统[7]。王妞妞等提出合作学者推荐模型,分别考虑了学者的可合作性和易合作性两个维度[8]。Chughtai 等利用基于本体的主题模型对学术论文审稿人进行推荐[9]。在期刊推荐方面,董永峰等融合文本主题和作者历史发刊记录计算各个待投稿期刊的得分,提出了基于学者偏好的投稿期刊推荐模型[10]。王冰源等将论文文本与学术异构信息网络相结合,提出了主题–异构网络学术期刊推荐模型[11]。此外,还有学者研究了学术信息推荐等。李宇佳等通过构建用户画像在新媒体学术平台中进行学术信息推荐

[1] 陈长华, 李小涛, 邹小筑, 等 . 融合 Word2Vec 与时间因素的馆藏学术论文推荐算法 [J]. 图书馆论坛, 2019, 39（5）: 110-117.

[2] 熊回香, 李跃艳 . 基于 Word2Vec 的学者推荐与跨语言论文推荐模型研究 [J]. 情报科学, 2019, 37（12）: 19-26.

[3] 李冉, 林泓 . 基于频繁主题集偏好的学术论文推荐算法 [J]. 计算机应用研究, 2019, 36（9）: 2675-2678.

[4] Bagul D V, Barve S. A novel content-based recommendation approach based on LDA topic modeling for literature recommendation[C]. 2021 6th International conference on inventive computation technologies (ICICT). IEEE, 2021: 954-961.

[5] Wang W, Gong Z, Ren J, et al. Venue topic model–enhanced joint graph modelling for citation recommendation in scholarly big data[J]. ACM Transactions on Asian and Low-Resource Language Information Processing (TALLIP), 2020, 20(1): 1-15.

[6] 杨梦婷, 熊回香, 肖兵, 等 . 基于动态特征的学者推荐研究 [J]. 情报理论与实践, 2022, 45（4）: 120-127.

[7] 秦红武, 赵猛, 马秀琴, 等 . 融合学术水平相似性的合作者推荐模型 [J]. 计算机应用研究, 2022, 39（7）: 2043-2049.

[8] 王妞妞, 熊回香, 刘梦豪, 等 . 基于多维决策属性的科研合作者推荐研究 [J]. 情报科学, 2022, 40（7）: 93-101.

[9] Chughtai G R, Lee J, Shahzadi M, et al. An efficient ontology-based topic-specific article recommendation model for best-fit reviewers[J]. Scientometrics, 2020, 122: 249-265.

[10] 董永峰, 屈向前, 李林昊, 等 . 基于作者偏好的学术投稿刊物推荐算法 [J]. 计算机应用, 2022, 42（1）: 50-56.

[11] 王冰源, 刘柏嵩, 张雪垠, 等 . 融合文本主题的异构网络学术刊物推荐方法 [J]. 计算机工程与应用, 2023, 59（11）: 241-250.

研究[1]。

可以看到，在过去的学术资源研究中，学术论文推荐和学者推荐占主体地位。相较而言，对学术研究主题进行推荐非常少，且通常是出现在学术情报综合推荐中，即和学者、论文等实体共同推荐。例如，林原在一篇关于学者科研合作预测的研究中谈及了对学者与关键词关系的预测，提出基于学者、机构、关键词的合作和共现关系构建异构信息网络，使用 Node2Vec 方法将各节点向量化，从而实现为学者推荐合作者、机构和关键词[2]。有研究就相关资源或领域进行主题识别和推荐，但是没有针对学者进行个性化推荐。Jelodar 等利用 LDA 主题模型对DBLP 数据集的计算机领域的 8 个会议出版物进行语义挖掘，以推荐主题趋势[3]。近年来，一些学者或学术组织对一段时期内某领域热点主题进行总结和分析，为学术主题推荐提供参考价值。冯亚飞等对国内学术资源相关的研究进行统计和分析，总结出了包括"学术资源与信息安全"在内的热点主题[4]。这些主题趋势和热点主题能够为学者提供宏观的参考，而非针对特定学者进行推荐。

此外，目前学者的研究重点是在海量的学术大数据中，为学者准确找到与自身研究领域或研究方向相一致的论文、合作学者、学术社区等。这些研究的核心思想是为用户推荐与其历史研究一致的学术资源，利用相似性计算或相关性度量来提升推荐的准确性，使其推荐项与学者的研究偏好相近。例如，房小可等研究虚拟学术社区知识推荐，构建语义层次结构和知识表示模型，对语义相似度进行计算，从而实现知识推荐[5]。李晓敏等识别出研究主题、研究对象、研究方法等细粒度语义实体，使用 TF-IDF 等算法计算学者与论文之间的相似度，从而进行学术论文推荐[6]。熊回香等将利用时序信息，结合知识图谱三元组，创建时序知

[1] 李宇佳，王益成.基于用户动态画像的学术新媒体信息精准推荐模型研究 [J]. 情报科学，2022，40（1）：88-93.

[2] 林原，王凯巧，刘海峰，等 . 网络表示学习在学者科研合作预测中的应用研究 [J]. 情报学报，2020，39（4）：367-373.

[3] Jelodar H, Wang Y, Xiao G, et al. Recommendation system based on semantic scholar mining and topic modeling on conference publications[J]. Soft Computing, 2021 (25) 3675-3696.

[4] 冯亚飞，胡昌平，李霜双 . 国内学术资源研究的知识图谱与热点主题 [J]. 情报科学，2019，37（10）：3-7.

[5] 房小可，叶莎莎，严承希 . 融合情境语义的虚拟学术社区知识推荐模型研究 [J]. 情报理论与实践，2019，42（9）：154-159.

[6] 李晓敏，王昊，李跃艳 . 基于细粒度语义实体的学术论文推荐研究 [J]. 情报科学，2022，40（4）：156-165.

识图谱，基于学者的合作关系和兴趣数据等进行相似学者推荐[1]。

然而，这些研究主要是集中在某一学科中或不区分学科进行广泛推荐，不能满足学者关于新颖的跨学科学术资源推荐的需求，关于跨学科学术资源推荐的研究在现阶段还相对缺乏。研究显示，用户有推荐多样性的需求[2]，跨学科主题推荐无疑是对学术资源推荐多样性的有效补充。目前已经出现一些关于跨学科学者推荐的研究，如吴小兰等在学术社交媒体中利用用户知识表示方法，结合学者跨学科指标度量其跨学科性，从而实现向学者推荐跨学科用户[3]。谢海涛等考虑用户在学术社群中的位置差异化信息，利用在跨学科传播中有关键作用的学者，基于矩阵分解来完成用户跨学科学术情报推荐[4]。但是关注跨学科研究主题推荐的研究仍然比较缺乏。跨学科研究主题推荐对于启发和科研创新、推动跨学科合作都有着至关重要的作用，因此，有必要对跨学科主题推荐展开深入研究。

9.2.2　跨学科研究主题推荐策略相关研究

20 世纪 90 年代，研究者开始试图预测用户对商品、内容、服务等的评分，随后推荐系统逐渐成为独立的研究领域[5]，广泛应用在新闻资讯、视频推荐、电子商务等领域。推荐的核心思想包括基于协同过滤的推荐、基于内容的推荐和混合推荐等。而在现有的学术论文等学术资源推荐研究中，推荐策略则可以分为基于协同过滤的推荐、基于内容的推荐、基于图的推荐等。

基于协同过滤的推荐策略认为相似的人具有相似的喜好，因此可以将对方喜爱的物品推荐给目标用户，或者将目标用户曾经浏览、使用过的相似物品再推荐给该用户。在学术资源的推荐研究中，基于协同过滤的推荐方法寻找兴趣相似、喜好相近的人，以他们对资源的评分为依据进行学术资源推荐。吴磊等对科研社

[1]　熊回香，黄晓捷，肖兵，等 . 在线学术资源中基于时序知识图谱的学者推荐研究 [J]. 情报科学，2022，40（8）：3-10，19.

[2]　张琳 . 电子商务网站个性化推荐的多样性对推荐效果的影响研究 [D]. 北京邮电大学，2017.

[3]　吴小兰，章成志 . 融合内容与关系的学术社交媒体上跨学科用户推荐模型研究 [J]. 图书情报工作，2020，64（9）：95-103.

[4]　谢海涛，肖雯，黄劲松 . 科研社交网络中跨学科情报推荐方法研究 [J]. 情报杂志，2019，38（5）：186-194.

[5]　Resnick P, Varian H R. Recommender systems[J]. Communications of the ACM, 1997, 40(3): 56-58.

交网络中的论文推荐问题进行研究，从单类协同过滤角度，使用融合科研人员标签信息和评分矩阵的方法向科研人员推荐学术论文[1]。杨辰等利用用户协同过滤推荐方法，在评分之外融入了用户在语义和社交上的特征，以提升电子文献资源推荐的准确度[2]。传统的协同过滤推荐算法需要大量的用户行为数据作为支撑，可能存在数据稀疏和冷启动等问题，存在一定的局限性。为了缓解这些问题，研究者采用向模型中融合一些辅助信息的方法，但不具有普适性。与之相比，基于异构图的推荐算法能够将各种信息和用户行为统一建模，有效地实现了辅助信息的融合。

基于内容的推荐策略从用户自身特征、物品的信息以及用户对物品的操作信息中挖掘文本特征进行用户个性化推荐。在学术资源推荐研究中，基于内容的推荐方法是将学者的需求与待推荐的学术资源相匹配，因此主要关注学者的研究兴趣和用户偏好挖掘、学术资源内容的表示等。一些研究抽取简单词来表示研究兴趣和学术信息，例如，刁羽等使用 TF-IDF 方法对用户浏览过的摘要和待推荐的文献内容进行分词，通过计算二者的相似度为用户推荐电子文献[3]。随着自然语言处理的发展，学者使用文本表示模型和主题模型对学术信息进行表示，丁晓梦等使用 LDA 主题模型结合引文网络对用户兴趣进行度量，从而实现知识精准发现[4]。杨秀璋等提出了融合标题、关键词和摘要多视图，使用 TextRCNN 对论文进行自动推荐[5]。Malhotra 等基于主题模型挖掘学者的长短期兴趣，把与学者兴趣相匹配的主题推荐给学者[6]。基于内容的推荐机制关注相似性和匹配度有可能造成信息冗余和信息茧房的问题，使学者不能及时发现新的研究主题。此外，当不能有效准确地获取文本以表示学者的偏好和需求时，推荐效果也会受到影响。

---

[1] 吴磊，岳峰，王含茹，等 . 一种融合科研人员标签的学术论文推荐方法 [J]. 计算机科学，2020，47（2）：51-57.

[2] 杨辰，刘婷婷，刘雷，等 . 融合语义和社交特征的电子文献资源推荐方法研究 [J]. 情报学报，2019，38（6）：632-640.

[3] 刁羽，薛红 . 基于电子资源行为数据的 TF-IDF 文献推荐方法研究——以电子资源校外访问系统为例 [J]. 图书馆杂志，2022，41（12）：45-54.

[4] 丁梦晓，毕强，许鹏程，等 . 基于用户兴趣度量的知识发现服务精准推荐 [J]. 图书情报工作，2019，63（3）：21-29.

[5] 杨秀璋，武帅，杨琪，等 . 多视图融合 TextRCNN 的论文自动推荐算法 [J]. 计算机工程与应用，2023，59（2）：110-119.

[6] Malhotra R, Taneja A, Arora A. Temporal Recommendations for Discovering Author Interests[C]. 2019 Twelfth International Conference on Contemporary Computing (IC3). IEEE, 2019: 1-6.

　　混合推荐机制是指通过融合各种推荐方法，使它们互相补充，以达到更好的推荐效果。图是一种由节点和边组成的数据结构，它能够表示多种实体和实体之间的关系，这种结构很适用于表达推荐系统中用户和推荐项的关系，基于图的模型是推荐系统的重要内容。与传统的推荐算法不同，图推荐考虑了用户、推荐项之间的显性或隐性关系。把图结构用于推荐算法，能够将内容特征和语义信息与用户、推荐项之间的结构相融合，能达到更好的推荐效果，是一种有效的混合推荐方法[1]。在学术资源推荐中，学界越来越关注基于图的推荐方法。在向学者推荐具有相似兴趣或合作对象的研究中，一般构建的是同质图，而在基于图结构向学者推荐论文、期刊等学术资源的研究中，则往往使用异构图。徐侃等提出基于元路径的异构图嵌入方法，通过元路径随机游走得到节点，嵌入并将其应用到学术论文推荐中[2]。熊回香等利用论文发表时间特征和文本语义相似度两种信息，对异构信息网络进行加权，使用随机游走算法生成节点表示，通过计算相似性实现学术信息推荐[3]。现有的基于图的学术信息推荐研究主要关注兴趣特征表示方法和文本表示方法，而很少有研究将学者和学术信息资源的异构结构、用户数据和学术资源特征进行深度融合，这种深度融合可以通过图神经网络方法实现。

　　除了推荐方法，推荐策略还需要考虑用户数据的选择和推荐项的特征构建。在用户（学者）数据选择方面，包括用户的基础数据、行为数据、知识结构数据和关系数据等。对学者数据的挖掘会使用用户的基础数据，如所在学科、单位、性别、研究方向等。ResearchGate 等科研社交平台利用用户之间的相似性进行学术信息推荐，如关注同一用户、隶属同类机构等[4]。魏玲等对虚拟学术社区用户进行研究，并提出虚拟学术社区群组推荐算法，融合和包括用户自身属性和好友信息在内的多维特征[5]。传统的协同过滤推荐研究使用学者对学术资源的评分或历史交互行为来直接进行推荐，基于内容的推荐方法也会从学者的评分、评价内

[1] 牛耀强，孟昱煜，牛全福.基于异质注意力循环神经网络的文本推荐[J].计算机工程，2020，46（10）：52-59.

[2] 许侃，刘瑞鑫，林鸿飞，等.基于异质网络嵌入的学术论文推荐方法[J].山东大学学报（理学版），2020，55（11）：35-45.

[3] 熊回香，唐明月，叶佳鑫，等.融合加权异质网络与网络表示学习的学术信息推荐研究[J].现代情报，2023，43（5）：23-34.

[4] 刘先红，李纲.科研社交网络的推荐系统对比分析[J].图书情报工作，2016，60（9）：116-122.

[5] 魏玲，权晨雪.融合多维特征与兴趣漂移的虚拟学术社区群推荐模型[J].现代情报，2023，43（7）：48-63.

容和浏览记录中挖掘学者偏好。张建伟等研究发现，当前多数学术资源平台推荐研究采用的是静态的历史行为数据[1]。随着矩阵分解、机器学习等方法的提出，一些研究使用主题模型和文本表示方法从学者已发表的论文中得到片段或全文特征。王大卓等使用 Doc2Vec 和 LDA 混合模型得到论文的表示向量，相较于传统的文本表抽取方法推荐效果有所提升[2]。随着科学文献计量的发展，发文关系、合作关系、引用关系等关系网络数据也被用于学者特征表示。范圆圆等基于学术用户之间的关注关系构建学术社交网络，结合历史搜索内容，为学者进行文献搜索推荐[3]。在学术资源特征选择方面，主要是对论文等学术资源的内容特征进行抽取和表示，学术资源的文本表示是学术资源推荐的关键步骤。丁恒等将无监督图神经网络表示方法引入学术文献表示学习，并应用于文献分类和论文推荐等任务[4]。以上研究在特征构建时对学术资源之间的异构关系考虑较少。本研究采用的异构信息网络结构能够将研究主题推荐项的关系融合到推荐模型中。

9.2.3　异构信息网络推荐方法

异构信息网络（Heterogeneous Information Network）也称为异质图（Heterogeneous Graph），这种图结构由不同类型的节点和边组成，能够表示不同实体及其关系[5]。在现实生活中，异构图的分布十分广泛，真实的复杂网络通常是由多种类型的实体和关系构成的。相较于同质网络，即由同种类型的节点和边构成的网络，异构网络能够表达更复杂的结构和更丰富的语义信息，越来越多地被用于推荐领域。近年来，学者将多个领域和情境下的推荐任务抽象为异构图，提出了多种异构图推荐方法，主要包括基于相似性的方法、基于矩阵分解的方法

[1]　张建伟，李月琳，李东东. 网络学术资源平台个性化推荐服务特征研究 [J]. 情报资料工作，2021，42（5）：76-83.

[2]　王大卓，邓志文，贾志勇，等. 基于 Doc2Vec 和 LDA 模型融合文献质量的学术论文推荐研究 [J/OL]. 河南师范大学学报（自然科学版），2023（4）：34-42.

[3]　范圆圆，王曰芬. 基于学术社交网络用户关系的文献搜索推荐研究 [J]. 现代情报，2021，41（9）：32-39.

[4]　丁恒，任卫强，曹高辉. 基于无监督图神经网络的学术文献表示学习研究 [J]. 情报学报，2022，41（1）：62-72.

[5]　Shi C, Li Y, Zhang J, et al. A survey of heterogeneous information network analysis[J]. IEEE Transactions on Knowledge and Data Engineering, 2016, 29(1): 17-37.

和基于图表示学习的方法等 [1]。

　　基于相似度的算法指的是度量实体之间的相似度，包括随机游走方法和元路径方法，这些方法也一般是以协同过滤为基础。例如，基于随机游走的 ECTD 方法被用于电影推荐中 [2]。基于元路径的方法需要提前手动设计元路径，引入了额外的知识和高级语义信息，可解释性较强但成本较高，例如 PathSim 等 [3]。这种基于相似度的异构网络推荐方法，目前在学术社区推荐研究中应用较广 [4]，但是需要大量的行为数据支撑，存在时空复杂度高等问题。

　　基于矩阵分解的方法能够通过评分矩阵来提取出用户和商品的隐向量，然后根据隐向量的相似度进行推荐，不依赖显示路径的可达。传统的矩阵分解方法不能使用丰富的语义特征，学者使用随机游走和元路径等方法得到相似矩阵或序列，再通过矩阵分解将特征进一步交叉融合。例如 NeuAFC 使用 Pathsim 得到用户和物品的相似矩阵，代表用户在某一方面的偏好，输入神经网络学习潜在特征并加以推荐 [5]。矩阵分解可以通过用户和推荐项的隐向量计算推荐得分，但是不能充分融合用户和推荐项的交互关系。

　　学者提出了图表示学习推荐模型，能更好地学习图数据中丰富的结构和语义信息，包括图嵌入和图神经网络方法。图嵌入通过学习图结构信息的低维向量表示，并作为推荐模型的输入应用于下游各种任务。受 DeepWalk、Node2Vec 等同质图算法的启发，学者们提出了基于随机游走异构图嵌入方法，用于异构图推荐的特征生成，如代表性的 HIN2Vec 和 Metapath2Vec。HIN2Vec 通过随机游走生成序列，使用逻辑分类器进行链路预测，并学习节点表示 [6]。Metapath2Vec 基于

[1] 刘佳玮，石川，杨成，等 . 基于异质信息网络的推荐系统研究综述 [J]. 信息安全学报，2021，6（5）：1-16.

[2] Fouss F, Pirotte A, Renders J M, et al. Random-walk computation of similarities between nodes of a graph with application to collaborative recommendation[J]. IEEE Transactions on Knowledge and Data Engineering, 2007, 19(3): 355-369.

[3] Sun Y, Han J, Yan X, et al. Pathsim: Meta path-based top-k similarity search in heterogeneous information networks[J]. Proceedings of the VLDB Endowment, 2011, 4(11): 992-1003.

[4] 岳峰，王舍茹，张馨悦，等 . 科研社交网络中基于异质网络分析的列表级排序学习推荐方法研究 [J]. 计算机应用研究，2020，37（12）：3552-3556.

[5] Han X, Shi C, Wang S, et al. Aspect-Level Deep Collaborative Filtering via Heterogeneous Information Networks[C]. IJCAI. 2018, 18: 3393-3399.

[6] Fu T, Lee W C, Lei Z. Hin2vec: Explore meta-paths in heterogeneous information networks for representation learning[C]. Proceedings of the 2017 ACM on Conference on Information and Knowledge Management. 2017: 1797-1806.

元路径随机游走使用 SkipGram 预测滑动窗口的上下节点，并学习节点表示 [1]。这些图嵌入方法主要关注图拓扑结构的向量表示，而不融合节点的多元特征。

　　早期的图神经网络，如 GCN、GAT 等仅适用于同质图，为了将图神经网络应用于异构信息网络，研究者提出了很多异构图神经网络，并将其应用于推荐系统。代表性的异构图神经网络算法有 RGCN、TransGCN、HAN、HetGNN 等。RGCN 是 GCN 在异构图上的转换，提出了异构图中多关系融合的方法，通过双层循环遍历，叠加每个点的邻居点的特征进行融合，再加上中心节点特征，经过激活函数输出作为中心节点的输出特征，与 GCN 相比，不再使用度矩阵和邻接矩阵，把所有参数放到了一个模型参数矩阵 W 中放入模型学习 [2]，可用于知识库中实体分类和链路补充任务。HAN 在 RGCN 的基础上引入了注意力机制，并基于元路径传递信息形成不同关系之间的游走交互。沿着预定义的元路径，在邻居节点层面基于注意力机制融合信息，得到节点表示。在不同元路径上基于注意力赋予不同权重以得到第二次的节点表示，最后输入 MLP 模型得到结果 [3]，HAN 主要针对用户—项目评分矩阵预测任务。RGCN 只能对实体编码，TransGCN 是基于 RGCN 提出的图神经网络，能够对实体和关系进行编码，主要用于知识图谱研究 [4]。HetGNN 能够同时考虑到节点的不同属性信息以及图中异构的结构信息，利用固定长度的随机游走对节点的异构邻居进行采样，接着对不同类型的节点信息进行编码，并经过 BiLSTM 模型生成统一表达，最后将邻居按类型聚合后再进行类别聚合。HetGNN 在链路预测和推荐任务中表现优异，在学术图和评论图上的表现优于基线模型 [5]。因此，本章引入 HetGNN 异构图神经网络，构建跨学科研究主题推荐模型。

[1] Dong Y, Chawla N V, Swami A. metapath2vec: Scalable representation learning for heterogeneous networks[C]. Proceedings of the 23rd ACM SIGKDD international conference on knowledge discovery and data mining. 2017: 135-144.

[2] Schlichtkrull M, Kipf T N, Bloem P, et al. Modeling relational data with graph convolutional networks[C]. The Semantic Web: 15th International Conference, ESWC 2018, Heraklion, Crete, Greece, June 3–7, 2018, Proceedings 15. Springer International Publishing, 2018: 593-607.

[3] Wang X, Ji H, Shi C, et al. Heterogeneous graph attention network[C]. The World Wide Web Conference. 2019: 2022-2032.

[4] Cai L, Yan B, Mai G, et al. TransGCN: Coupling transformation assumptions with graph convolutional networks for link prediction[C]. Proceedings of the 10th International Conference on Knowledge Capture. 2019: 131-138.

[5] Zhang C, Song D, Huang C, et al. Heterogeneous graph neural network[C]. Proceedings of the 25th ACM SIGKDD International Conference on Knowledge Discovery & Data Mining. 2019: 793-803.

9.3　研　究　设　计

9.3.1　研究框架

本章设计了图 9-1 所示的研究框架，主要包括数据准备、异构信息网络构建、节点特征生成、基于异构图神经网络的预测模型构建、推荐结果评价与分析五部分。

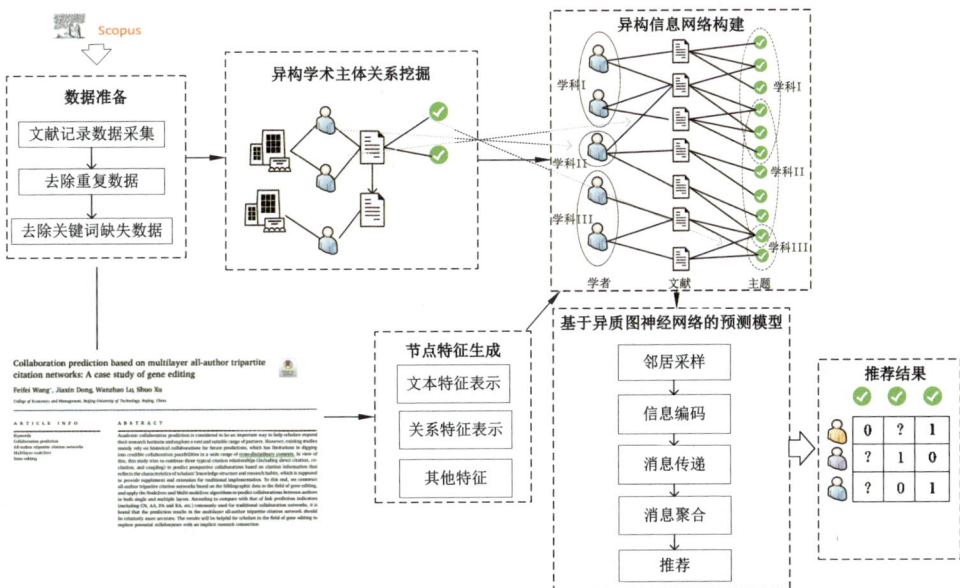

图 9-1　基于异构图神经网络的学者跨学科选题预测研究框架图

1. 数据准备

Scopus 数据库是知名的学术数据库，收录了来自全球 5000 家出版社的 22000 多种学术期刊、700 多万篇学术会议论文、30 余万学者的发文信息。Scopus 数据库提供科学检索和数据导出功能，对于检索得到的所有结果，通过导出功能能够获得所有对应文献的题录信息，包括引用信息、文献目录信息、摘要和关键词、资助信息等。从这些信息中，我们可以分解出学者、文献、关键词、机构等学术实体，以及它们之间的关系，从而用于异构信息网络的构建。Scopus 数据库为每位学者分配了唯一标识 ID，在一定程度上避免了由于学者姓名相同而导致的误差。

2. 异构信息网络构建

首先，本章基于 Scopus 导出信息，构建包含学者、文献、主题 3 种类型节点的异构信息网络，依据学者与文献的发表关系构建二者的连边，将文献的主题与文献关键词的关系作为二者之间的连边。

其次，在学者—文献—主题异构网络上，我们需要对学者与主题之间的跨学科关系进行标识。对于学者而言，采用 Scopus 导出数据中的学者机构信息为学者划定所属学科。对于主题而言，通过学者—文献—主题的路径，可以获得学者与主题之间的研究与被研究关系，并由此形成每个主题的研究者的所属学科集合，以及每个学科所有学者的研究主题集合。在各学科中不相重合的主题与其他学科的学者存在跨学科关系，重合主题对于出现较少的学科仍然有潜力作为跨学科主题，基于此，我们可以得到主题与学者间的跨学科关系。

3. 节点特征生成

对于上述 3 种类型节点，结合异构信息网络的特性，本研究为每个节点构造了两种类型特征，分别是研究内容特征和异构网络结构特征，并将这些特征结合到异构图神经网络推荐模型中。内容语义特征能够体现节点之间的语义相似性。当两个节点在语义上更相似时，它们更有可能在未来的研究中共同出现，这种语义相似度可以表现在研究背景、研究方法、研究问题、研究理论、研究机制、研究知识等方面。因此，为了捕获每个节点的内容特征，利用文献的标题和摘要作为特征池，使用 Longformer 来嵌入内容特征。

异构结构特征能够体现节点之间的直接和间接关系，例如学者—文献—学者的游走路径反映了学者之间的合著关系，经过主题—文献—主题路径的游走反映了主题之间的共现关系等。在选择跨学科主题时，合作者所研究的跨学科主题更有可能被纳入学者的考虑范围，在一篇文章中被共同研究过的跨学科主题也能为主题推荐提供一定的参考价值。为捕获节点的游走特征，本研究采用 DeepWalk 方法为节点生成特征，并输入推荐模型。

4. 基于异构图神经网络的预测模型

基于异构图神经网络的预测模型主要包括异构图神经网络表示模型和机器学习分类器两部分。其中，异构图神经网络模型包括邻居采集、消息传递、信息编码、消息聚合等主要步骤。不同于同质图，异构图中每个节点有多种类型的邻居，每种类型的邻居具有不同维度的特征，因此对于不同来源传递过来的信息，要进行统一的编码和转换后才能进行消息聚合。此外，不同的邻居对目标节点的重要性大小不一，模型在消息聚合时加入了 Attention 机制为不同邻居分配权重，以区分其重要性。

在异构图神经网络表示模型中，通过重构异构图的连边，可以获得节点的嵌入表示。为进行学者跨学科主题推荐任务，本章引入逻辑回归、随机森林、多层感知机、XGBoost 等机器学习分类器，构建学者跨学科主题研究的正负样本并将其输入分类器，以得到模型的最终结果。

5. 推荐结果评价与分析

对于训练后的基于异构图神经网络的推荐模型，采用机器学习指标对推荐结果进行综合评价和对比，以衡量模型的有效性。然后，使用效果最优的模型为学者推荐一系列的跨学科主题，结合异构图神经网络模型的输入特征和原理，对推荐结果进行分析和讨论。

9.3.2　基本概念与问题定义

1. 异构信息网络

异构信息网络也称为异质图，是一种包含两种及两种以上类型的节点或边的图结构。用 $G=(V,E)$ 表示一个信息网络（图 9-2），其中 V 是节点的集合，E 是连边的集合，在信息网络中存在一个映射函数 $V \rightarrow A$，A 代表网络中预定义的实体类型；映射函数 $E \rightarrow R$，R 代表关系类型。当节点与边的类型数量相加大于 2 时，这样的信息网络就被称为异构信息网络（异质图）。如图 9-2 所示，左侧是一种社交网络，该信息网络中只有一种类型的节点——人，一种类型的边——朋友，这种网络被称为同构信息网络（同质图）。右侧表示的是一种电子商务信息网络，网络中有两种类型的节点——用户和商品，以及多种类型的边，是一种典型的异构信息网络。

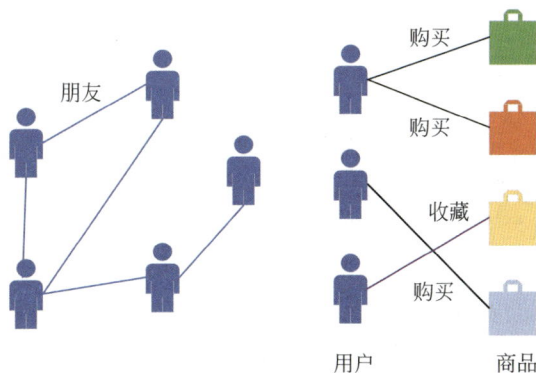

图 9-2　同构信息网络（左）和异构信息网络（右）

2. 学者—文献—主题三部图

三部图是异构信息网络的一种。在三部图中，节点可以分成互不重合的 3 个子集，分别代表 3 种类型的节点。三部图连边的源节点和目标节点分别来自不同的节点子集，同一子集的节点之间不设置连边。用 $G=(V,E)$ 表示学者—文献—主题三部图，V、E 分别表示节点和连边的集合。节点集合 $V=\{A,P,T\}$，其中学者节点集合 $A=\{a_1, a_2, \cdots, a_n\}$，文献集合 $P=\{p_1, p_2, \cdots, p_n\}$，主题节点集合 $T=\{t_1, t_2, \cdots, t_n\}$。如图 9-3 所示，当一条题录数据中学者与文献之间存在发表关系，文献和主题之间存在文献包含主题且该主题作为关键词时，对应的学者与文献节点、文献与主题节点之间会产生一条边。

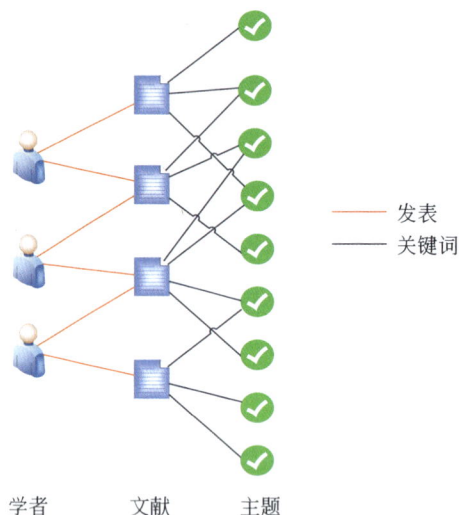

图 9-3　学者 - 文献 - 主题三部图

3. 网络模式与元路径

网络模式和元路径可以用于描述异构信息网络中复杂的节点类型和关系类型。网络模式记为 $T_G=(A,R)$，代表定义在节点类型 A 上的关系类型为 R 的一种网络。当 A 和 R 代表信息网络 G 中所有节点和关系类型时，将这种网络模式称为 G 的元模式。网络模式是一种对网络中节点和边类型的限定，通过这种限定能够将异构信息网络进一步结构化，有利于从语义的角度描述异构网络的抽象结构。根据某种网络模式形成的实体网络称为网络实例。

异构信息网络中，节点间不同的路径能表达不同的语义，这些路径被称为元路径。具体来说，元路径是指连接两个或多个节点对象的具有语义的路径。在一

个网络模式 (A,E) 中，元路径 $A_1 \xrightarrow{R_1} A_2 \xrightarrow{R_2} \cdots \xrightarrow{R_{n-1}} A_n$ 表示在类型为 A_1 的节点通过关系 R_1 到达类型为 A_2 的节点，再通过关系 R_2 到达下一种类型的节点，最终通过 R_{n-1} 到达 A_n 的一条路径。元路径可以简写为只包含节点对象的形式，即 $A_1 A_2 \cdots A_n$。异构信息网络中的每一条具体路径都成为对应元路径的路径实例。

4. 链路预测

网络中的链路预测是根据已知的网络结构，结合节点、边等的相关信息来预测当前不存在、未来很可能出现的边或当前缺失、未被发现的边。链路预测是复杂网络研究的重要内容，2000 年就有学者应用马尔可夫链进行链路预测。

吕琳媛在 2010 年的研究中总结了 3 类链路预测的方法，包括基于节点相似性的链路预测，基于最大似然估计的链路预测和基于概率模型的链路预测[1]。机器学习的思路也被用于链路预测。由于链路预测可被看作一个二分类问题，链路预测问题被转换成两个节点之间的边存在与否的分类问题。机器学习算法，如决策树、支持向量机等都可以用于链路预测。

在异构信息网络中，链路预测的目标是发现节点之间未发现的或尚未发生的连边。在异构信息网络 G 中，节点集合记为 V，已存在的连边集合记为 E_0。将节点集合中所有节点之间可能产生的连边集合记为 E_t，链路预测就是在二者的差集 $E_r = E_t - E_0$ 中寻找最有可能出现的边。链路预测的基本原理是利用网络中已知节点和边的信息，设计节点之间连边可能性的判断机制，从而在 E_r 中进行计算和比较，选择出可能性较高的连边。与同构信息网络中直观的链路预测不同，在异构信息网络中，不同类型的节点之间往往不直接相连，即使在同种类型的节点之间也可能不显示实在的连边。此外，连边的类型也是多样化的，要预测多种类型连边显然需要挖掘目标节点之间不同的联系。

5. 学者跨学科主题预测问题定义

本研究中，学者跨学科主题预测问题定义如下：给定学者集合 $A=\{a_1, a_2, \cdots, a_M\}$，主题集合 $T=\{t_1, t_2, \cdots, t_N\}$，其中 M 表示学者总数，N 表示主题总数。文献集合表示为 $P=\{P_1, P_2, \cdots, P_S\}$。根据学者与文献之间的矩阵 $X_w \in \mathbf{R}^{M \times S}$ 可以获得每位学者写作过的文献标签，通过文献与主题之间的矩阵 $X_I \in \mathbf{R}^{S \times N}$ 可以获得文献中的所有主题。引入学科集 $D=\{d_1, d_2, \cdots, d_K\}$，$D_A=\{d_{a1}, d_{a2}, \cdots, d_{am}\}$ 展示每位学者所属学科，0-1 矩阵 $DT \in \mathbf{R}^{N \times K}$ 表示主题的跨学科属性，1 表示对于该主题可以作为跨学科主题推荐给该学科中的学者。在三部图 $G=(V,E)$、$V=\{A,T,P\}$ 中，

[1] 吕琳媛. 复杂网络链路预测 [J]. 电子科技大学学报，2010，39（5）: 651-661.

对于任何学者 a_i，我们试图预测其与潜在的跨学科研究主题 t_j 之间是否存在联系。这个预测任务的表达式可以表达为 $f : G(V, E) \rightarrow (a_i, t_j)$，其中，$(a_i, t_j)$ 表示节点 a_i 和节点 t_j 之间是否存在联系。给定待推荐的学者 a_i，推荐任务是在主题集合中预测学者 a_i 最可能选择的主题 t_j，该主题 t_j 未与学者 a_i 发表的文章产生连边，且该主题学科对于学者 a_i 所属学科 d_{ai} 而言是存在跨学科关系的。

9.4 学者和研究主题的跨学科关系

9.4.1 学者学科标识

要实现学者跨学科主题推荐，首先需要分析学者和主题的跨学科关系。现有的学科划分方法主要是在某一学科分类体系下，根据学者的研究领域、研究机构等信息将学者映射到某一学科，或者直接依据学者发表文章所在期刊的学科将学者划分到对应学科。例如，在 Web of Science 学科分类体系下，通过特征词将作者机构划分到对应学科，以评价单篇文章的跨学科性 [1]。也有研究根据学者所在研究机构提取学科分类，从而研究合作机构之间的跨学科特征 [2]。在意大利学术系统中，每位学者都会被归入一个学科领域（SDS），该学科领域可直接用作学者的学科归属 [3]。按照学者的研究成果所在期刊的学科属性来界定学者的学科存在较大争议，一方面，期刊的所属学科并不唯一，一位学者所发表的期刊论文也不都属于同一学科，导致无法准确界定学者的学科；另一方面，学者在某一期刊发文并不意味着学者属于该学科，这样界定存在严重偏差。与之相比，学者所在机构信息在科学文献数据中有明确的获取渠道，并且大学的院系划分与学科目录中的学科分类基本存在对应关系，有利于统一粒度。加之与学者研究领域、教育背景相比，机构信息更具易得性和代表性，因此，本章利用机构所在学科来确定

[1] 孙蓓蓓. 基于科学合作视角的交叉科学成果测度与影响评价研究 [D]. 郑州：华北水利水电大学，2019.

[2] 张琳，孙蓓蓓，黄颖. 跨学科合作模式下的交叉科学测度研究：以 ESI 社会科学领域高被引学者为例 [J]. 情报学报，2018，37（3）：231-242.

[3] Abramo G, D'Angelo C A, Zhang L. A comparison of two approaches for measuring interdisciplinary research output: The disciplinary diversity of authors vs. the disciplinary diversity of the reference list[J]. Journal of Informetrics, 2018, 12(4): 1182-1193.

作者的学科归属 [1]。

1. 学科分类体系的选择

学者学科标识的第一步是选择一个学科分类体系。虽然现有学科分类体系较多，但是各个分类体系设定的标准不同、粒度不一，这导致学者的学科属性很难准确归类。常用的几种学科分类体系包括 Web of Science 学术数据库中用于期刊分类的 252 个学科分类体系，ECOOM 的 16 大学科领域分类体系等。Scopus 数据库也有包含 27 个学科领域、334 个子领域的自设学科分类体系，但是 Scopus 数据库为每个学者划分了多个细分领域，而非唯一的映射。本研究选择国务院学位委员会和教育部联合制定的《研究生教育学科专业目录（2022 年）》作为学科分类体系，该目录的前身最早于 1983 年颁布，先后修订颁布了 6 版。将学科专业分为 14 个学科门类、181 个一级学科和专业学位，节选如表 9-1 所示。选择该学科分类体系的原因是：本研究中跨学科主题推荐的对象是中国学者，学者的机构特征与中国学科分类体系匹配度更高，强调在建设中国自主知识体系的背景下，基于中国学者的学科分布特点进行学科划分。在中国学科目录视域下，学者所在研究机构的学科属性是其所属学科判定的最直观来源。正如在教育部开展的一级学科建设评估中，各学科的建设成果是由该学科所在院系所有学者的共同成果组成的，既不会把本院系学者的成果算到其他学科，也不会把其他院系的学者的成果算作本学科的成果。因此，本章认为在中国学科目录视域下按照机构来划分学者学科具有较强的合理性。

表 9-1　研究生教育学科专业目录（2022 年）节选

学科门类	一级学科
01 哲学	0101 哲学
02 经济学	0201 理论经济学
	0202 应用经济学
03 法学	0301 法学
	0302 政治学
	0303 社会学
	0304 民族学
	0305 马克思主义理论
04 教育学	0401 教育学
	0402 心理学

[1] 霍朝光，韩粤吉. 中国学科目录视域下的学者跨学科合作交叉测度与分析：以中国人民大学为例 [J]. 情报资料工作，2024，45（2）：38-47.

2. 机构与学科的映射

在明确学科分类体系后，需要对机构和学科分类体系建立映射关系。与学科门类相比，一级学科具有更强的学科区分度，且与学者机构划分粒度更为一致，因此将学科目录中的一级学科作为标识的目标学科。结合数据的实际情况，本章采用提取机构关键词结合人工校正辅助的方法对机构和学科进行匹配。首先对中国高校的研究机构名称进行归纳梳理，主要参考中国学位与研究生教育学会发布的《研究生教育学科专业简介及其学位基本要求（试行版）》对一级学科的解释说明，接着提取机构名称中的学科关键词，通过正则表达式将机构名称与学科进行匹配。如表9-2所示，经过几轮自动识别匹配和手动调节，完成了机构名称到一级学科的映射。

表 9-2   机构关键词与一级学科匹配表（部分）

机构关键词	一级学科
Arts, orchestral, music, musicology, Chinese Art, Fashion, Inner Mongolia Art, Art History	艺术学
Philosophy, Religious Studies	哲学
Computer, Computer, School of Information, Information Science, Information Technology, Information Engineering, Intelligence, Interdisciplinary Information, computational, Comp. Sci., computing, Information Processing, Information and Intelligent Engineering, Network Technology, Compute Science, Digital Technology, Information and Networking, Information Engg, Information and Engineering, Comp. Science, Artif. Intell.	计算机科学与技术
Environment, Environmental, Carbon Neutrality, Environ., Eco-Environ., Natural Resources, Envi. Sci., Pollution, Environ, Low Carbon	环境科学与工程
Law, Human Rights, intellectual property	法学
Politics, International Studies, International Relations, Political Science	政治学
Sociology, Social work, Population, Anthropology, family planning, Society	社会学
Ethnology	民族学
Marxism, Marxist	马克思主义理论
Criminal Investigation, Criminal Science and Technology, Criminal Technology, Police-Dog Technology	公安学与公安技术
Discipline Inspection and Supervision	纪检监察学
Education, teaching	教育学
Psychology, Cognitive Science, Behavioral Science, Mental Health, Mental Health	心理学
P.E., Sport, Kinesiology, Human Movement	体育学
Chinese Language, Liberal Arts, Chinese Classics, Chinese Ethnic Minority Languages	中国语言文学
Foreign Language, English, Arabic, Translation	外国语言文学

3. 机构信息抽取与标准化

最后是作者机构信息的抽取，根据作者所在院系信息将其匹配到相应的一级学科。Scopus 数据库所导出的题录信息中包含作者 ID、姓名和作者在提交论文中包含的所在机构信息，包括作者所在的学校、院系、研究中心、实验室等。由于直接导出的作者机构信息中存在多级单位，因此需要对作者机构名称进行抽取和标准化处理。首先根据题录数据划分作者与机构的对应关系。其次，根据机构中的表征词汇 School、Department、Center、Institution、Lab 等提取其中的详细机构信息。例如，在一条题录数据中包含如下作者及其机构信息，"Zhang X., School of Applied Economics, Renmin University of China, No.59, Zhongguancun Street, Beijing, 100872, China"，其中，"Zhang X." 是作者姓名的缩写，"School of Applied Economics" 是作者所在学院，"Renmin University of China" 是学校名称，"China" 是作者机构所在的国家，可以用来识别中国机构的所有学者。本章所抽取的用于划分学科的作者机构信息即 "School of Applied Economics"。对于同一位作者先后出现在多个机构的情况，将多个机构均进行学科匹配，在学科一致时直接采用该学科，在学科不一致时选择学者最新机构所属学科。作者机构中同时出现学院和系时，采用系名作为学科划分依据，这是因为系名往往能够更准确地标识作者所属学科。

9.4.2　研究主题的跨学科标识

1. 研究主题的选取

研究主题是对研究内容的概括和总结，目前对于研究主题的界定没有统一标准，现有研究中对研究主题的界定有以下几种方法。第一种是专家学者人工概括的学科主题，例如，"建构中国自主的信息资源管理学科知识体系"是 2023 年热点评选活动中专家概括的学科内热点主题之一。这种主题是由专家学者依据在某一领域的专业知识、研究经验和积累，从科学文献或科研实践中凝练出来的，一般具有较强的概括性，但数量非常稀少。人工概括具有很强的主观性，主要依赖于概括者的知识背景和经验，不同概括者之间会存在较大差异，并且人工概括的成本高，效率也不足以支撑海量的学术信息。第二种是利用词共现、词聚类、LDA 主题模型等方法从文本中抽取多个词，将词汇的组合作为一类文章的研究主题[1][2]。这种方法抽取出来的主题数量不一，没有统一的区分标准，且各个词汇

[1] 黄菡，王晓光，王依蒙 . 复杂网络视角下的研究主题学科交叉测度研究 [J]. 图书情报工作，2022，66（19）：99-109.

[2] 霍朝光，董克，司湘云 . 国内外 LIS 学科主题热度演化分析与预测 [J]. 图书情报知识，2021（2）：35-47.

之间的语义关系较差。往往抽出的主题较为空泛，不能准确地洞察对应文本的潜在信息和重点信息。第三种方法是使用文献中关键词作为研究主题，这种方法既不需要抽取多个词汇共同作为研究主题，也不需要专家人工概括，却仍然可以作为文献重要信息的概括。作者定义的关键词是对研究内容、研究方法、研究结论的总结，是对科学文献最准确、最精炼的概括。虽然文献数据集中的关键词粒度较细，但仍然是一个领域内所有研究的精炼。因此，本章采用题录数据中作者自标注的关键词（Author Keywords）作为研究主题。

2. 研究主题的跨学科关系

如 9.4.1 节所述，为了实现跨学科主题推荐，需要明确学者与主题之间的跨学科关系，即模型向学者推荐的主题对于学者来说应具有一定的跨学科价值。通过学者—文献—主题元路径可以识别每个学者对应的主题，反之得到研究每个主题的学者集合。根据学者的学科属性，可以建立主题与学科之间的关系。当一个主题的所有研究者均来自同一个学科时，认为主题属于该学科，并与其他所有学科的学者存在跨学科关系，列入其他学科学者的主题待推荐列表。当一个主题的研究者来自不同的学科时，说明该主题已经由原本的单一学科被引入其他学科进行研究，在主题的多学科集合中，对各个学科的占比进行分析，当某个学科的占比小于平均占比时，认为该学科的学者在这一主题的研究中仍相对较少，可以将这一主题作为跨学科主题推荐给该学科的学者。因此将这一主题与该学科标识为跨学科关系，列入该学科学者的待推荐主题列表。

9.5　基于异构图神经网络的跨学科主题预测模型

本章的跨学科主题推荐模型如图 9-4 所示，该模型包括特征抽取与表示、基于异构图神经网络的表示学习以及机器学习分类器三大模块。首先，对于学者—文献—主题异构信息网络，模型分别考虑了内容特征和异构网络结构特征，并对几种特征进行综合，从而更好地发现潜在的推荐项。其次，在异构信息网络上，利用异构图神经网络 HetGNN 进行无监督表示学习，得到每个节点的向量表示。最后利用逻辑回归、随机森林等机器学习分类器对学者节点和主题节点之间的跨学科关系进行分类，并以此作为预测值，从而得到跨学科主题推荐结果。

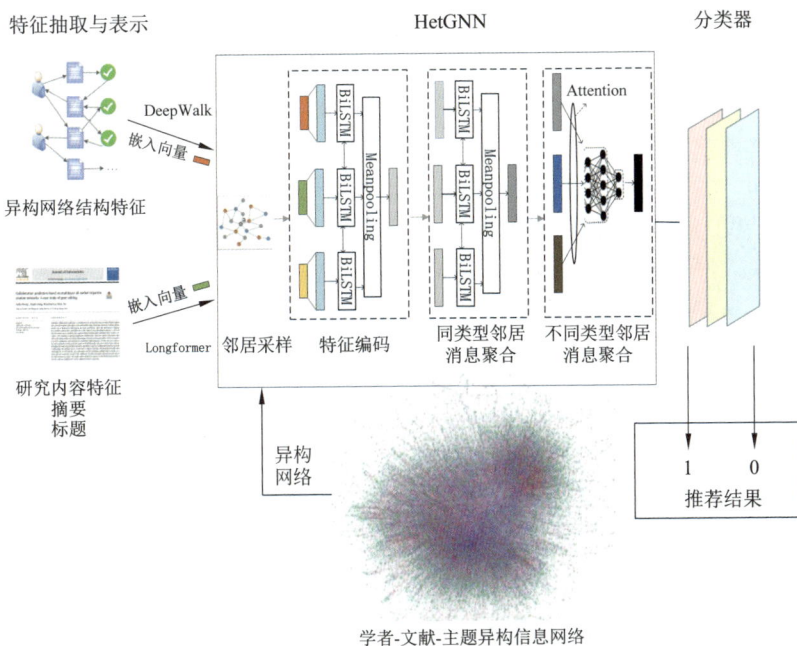

学者-文献-主题异构信息网络

图 9-4　基于异构图神经网络学科跨学科主题预测模型

9.5.1　特征抽取和表示

本节构建了内容特征和异构网络结果特征,并探索它们在推荐模型中的表现。与同质图神经网络模型 GCN 等相比,异构图神经网络模型 HetGNN 能够把多种类型的节点特征和结构特征进行组织和融合,并表现出较同质图神经网络更好的学习效果。内容特征是学者研究兴趣的重要体现,同时能够表达学术主题的潜在语义。对学者和主题的研究内容特征进行分析和处理,可以识别主题内涵与学者研究兴趣的匹配度,并将其推荐给学者作为潜在的研究主题。

内容特征可以表现在研究背景、研究方法、研究问题、研究理论、研究过程、研究结论等方面。采用文献全文来计算内容特征是昂贵且具有挑战性的,因为一篇文章的全文通常包含许多噪声。标题和摘要是对文献全文最主要内容的凝练,同时能体现研究背景、方法和结论等。因此,为了捕获节点的语义内容特征,本章抽取文献的标题和摘要作为节点内容特征的来源。无论是构建学者、文献还是主题节点的内容特征,都需要对标题和摘要进行文本表示学习,以得到对应的嵌入向量。本章采用基于 Transformer 的 Longformer 模型进行文本表示学习。

Transformer 模型于 2017 年被提出，模型基于自注意力机制计算文本表示，能够使用编码器和解码器将一个序列转换为另一个序列。Devlin 等基于 Transformer 模型构建了 BERT 模型，继承了 Transformer 模型强大的特征提取能力，克服了传统神经网络模型在学习整个文本上下文语义关系方面的困难，在文本分类、问答和命名实体识别等许多自然语言处理任务上表现出高性能。然而，受限于时空复杂度与文本序列长度的平方正相关关系，BERT 预训练文本表示模型可以处理的最大序列长度为 512，不适应本章的文本长度，因此引入长序列预训练语言模型 Longformer 来表示内容特征。Longformer 提出了一种新的自注意力机制用于长序列，其时空复杂性与序列长度线性相关，以确保模型使用较低的时空复杂性来建模长序列文本。如图 9-5 所示，Longformer 能够处理的文本序列的最大长度为 4096，有助于模型更有效地学习语义内容。

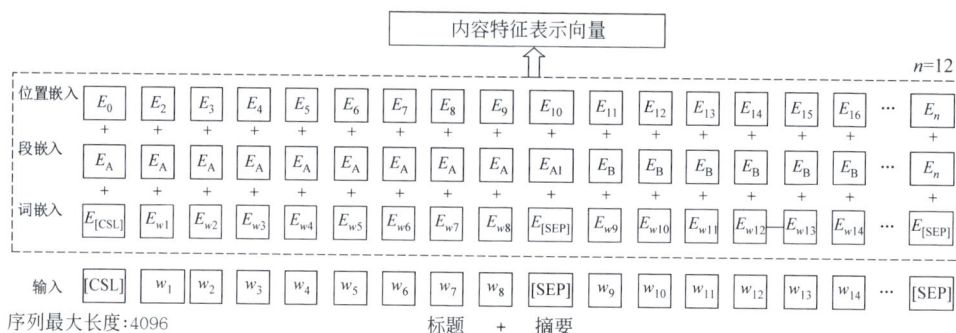

图 9-5　Longformer 文本嵌入过程

为异构信息网络生成节点嵌入不仅需要有效识别多种类型实体的语义，还需要维护网络中关系的结构。在异构网络中，为节点生成结构特征可以更直观、高效地将网络中的复杂关系还原为结构化的向量。本章使用基于随机游走的 DeepWalk 算法为网络生成结构特征。DeepWalk 算法是基于 Word2Vec 的思想提出的，能够获得节点的连接结构。主要思路是选择某一特定点为起始点，随机游走得到节点序列，参照句子序列中词的表示，用 Word2Vec 中的 Skip-Gram 方法得到节点的表示向量。通过获取节点的局部上下文信息，得到的向量能反映节点在图中的局部结构和连接关系。两个点在图中共有的邻近点越多，它们之间的距离就越短。

DeepWalk 算法包括如下两个关键步骤，首先是随机游走，从起始节点开始，采用的是可重复访问的深度优先算法，从当前节点的邻居中随机采样一个作为下一个访问对象，重复采样直至达到设定的最大游走长度。用 V_i 表示起始节点，随机游走可以表示为 $W_{V_i}^1, W_{V_i}^2, \cdots W_{V_i}^k$ 的随机过程，$W_{V_i}^{k+1}$ 是节点 V_k 的随机邻居。在学者—文献—主题三部图中随机游走，相邻节点属于不同类型。接着，在获得一定数量的随机游走序列后，将序列输入 Skip-Gram 模型进行迭代学习和参数更新。在文本表示学习中，文本用词的序列表示，给定缺失词，Skip-Gram 模型的训练目标是最大化上下文词出现的概率。同理，在节点序列中，Skip-Gram 模型能够将每个节点映射到其向量表示，学习的目标是最大化序列中节点的共现概率。

9.5.2　HetGNN 异构图神经网络模型

1. 异构邻居采样

图神经网络模型的核心步骤是消息的传递与聚合，而消息传递一般是指信息从邻居节点传递到目标节点，信息传递的强度与邻居的阶数有关。例如，在第一轮消息传递时，一阶邻居的信息直接传递到目标节点，而在第二轮消息传递时，二阶邻居的信息经过一阶邻居传递到目标节点，并且信息强度更弱。在异构信息网络中，大部分节点之间不存在直接的连边，不同节点的邻居数量及类型各不相同，因此需要对异构邻居进行采样，使得每个目标节点获得强相关的邻居节点集合。

HetGNN 模型提出了重启的随机采样方法，以获得异构邻居序列。与传统的随机采样方法不同，重启的随机采样方法在每次采样时会有一定概率返回起始节点。模型对于每个节点采样固定长度 l 的邻居，设定重启概率 p，从起始节点 v_0 开始随机游走，用 Vi 表示随机游走的第 i 个节点，随机游走的每一步以概率 p 返回起始节点 v_0 重新开始游走，以概率 $1-p$ 游走到下一个邻居节点。通过迭代游走能够获得较为平稳的邻居序列。设定每个节点类型的最大数量，使得游走序列中包含所有类型的节点。

将每一条随机游走序列中的节点进行分类，并统计每种类型节点出现的概率，在同类邻居节点中按照概率采用一定数量的节点，作为最终的邻居结合。

2. 节点特征编码

当节点具有多种特征时，对各类信息进行预训练，如本章构建的内容特征和结构特征。接着，模型将对多种特征进行统一聚合和编码，利用双向长短期记忆模型 BiLSTM 输入节点的各个特征进行进一步编码，并通过平均池化输出节点的唯一表示向量。长短期记忆模型 LSTM 是 RNN 的一种，常用于对文本序列的建模。BiLSTM 由前向和后向的 LSTM 组成，可以建模上下文信息。相较于特征的简单拼接或相加，BiLSTM 模型能够捕获特征之间的深层关系，融合异构特征，并得到各节点统一维度的表示。

3. 消息聚合

在异构信息网络中，节点的邻居具有不同类型，因此在消息聚合时，要考虑同种类型邻居信息的聚合和跨类型邻居的整合。对于同种类型的邻居，模型使用 BiLSTM 聚合邻居的向量表示，由此可以得到每种类型邻居的聚合向量。考虑到不同类型节点对目标节点的影响力不同，在聚合跨类型邻居时，引入 Attention 机制计算每种类型的权重，对信息进行加权整合。

4. 模型训练

HetGNN 异构图神经网络模型是采用图自编码器思想的无监督学习模型。模型的目标是通过对节点特征的学习最大限度地重构异构信息网络。正负样本构建采用节点间对的方式，对于每一个节点 Vi，它和邻居 v_j 的连边被视为正样本。负采样时，以 Vi 为起始节点生成一组随机游走序列，在序列中采样 v_j 的同类型节点 v_k，节点出现频率越高，越容易被负采样。正负样本节点对 (Vi, v_j, v_k) 被用于模型训练。在模型训练过程中，损失函数是重构图与原始图的差异，我们希望这个差异尽量小。具体来说，损失函数 Loss 等于边的预测值 $\hat{Y}$ 与真实值 Y 的交叉熵损失函数，见下面的公式。

$$Loss = BCELoss(\hat{Y}, Y)$$

9.5.3　机器学习分类器

1. 逻辑回归分类器

逻辑回归是概率估计型的线性分类器，常用于机器学习二分类任务，由于其训练快、易实现、可并行，故被用于多种分类场景，如信用评价。逻辑回归分类器假设存在一条线性边界使数据可分，根据这条分界建立线性回归公式。将数据特征用向量 $(x_1, x_2, \cdots, x_n)$ 表示，则线性边界可表示为 $w_1x_1 + w_2x_2 + \cdots + w_nx_n + b = 0$。与传统线性分类模型不同的是，逻辑回归分类器将一般线性回归的输出结果通过 Sigmoid 转换函数映射到一定的区间上，这个区间常被设定为 [0,1]，这样就建立了线性回归与二分类概率的联系。随后，基于最大似然估计构造损失函数，损失函数用于找到参数值，使得似然概率最大化，也就是求损失函数值最小时对应的一组参数值。逻辑回归的优点是模型易理解，可解释性强，训练速度快。局限性在于模型较为简单，拟合能力有限。

2. 随机森林分类器

随机森林是一种基于决策树的集成学习算法，属于非线性分类器。随机森林的思想是对数据集重复采样多次以生成决策树组成随机森林，在分类时，每条数据经过每棵树决策，最后以投票或平均化的规则确认将对象分到哪一类。首先，随机森林采取有放回的随机抽样生成训练子集，这样做可以使训练数据更加多样化。在这些子集上，随机森林模型构建 CART 决策树，在所有样本特征中随机选择一部分特征，再对其中找到的最优特征做决策树划分，最优特征的衡量标准一般是信息熵或基尼系数等。在决策树全部完成分类后，将获得投票最多的类别作为最终的分类结果。随机森林分类器的优点在于具有较强的泛化能力和稳定性，对缺失值不敏感；具有较强的抗过拟合能力，通过集成学习的方式降低了决策风险。但当决策树很多时，计算成本较高，训练时间相对较长。

3. 多层感知机

多层感知机是一种基本的神经网络模型，可以看作多个单层感知机的叠加。多层感知机分类器由多个神经元层组成，包括输入层、至少一个隐藏层以及输出层，每个神经元与前一层的所有神经元相连，具有权重，是一种非线性分类器。要实现多层感知机模型，首先随机初始化网络参数，包括权重和偏置，后续在训练过程中进行调整以最小化损失函数。神经网络的信息传递过程是前向传播，即将输入数据通过神经元传递给下一层，并经过激活函数处理，直至输出层。使用损失函数，如交叉熵损失函数计算模型输出和实际标签之间的差异，再经过反向传播计算损失函数对每个参数的梯度，然后利用梯度下降算法最小化损失函数。多层感知机的优点是它具有强大的非线性建模能力，能够处理复杂的数据关系。通过增加隐藏层和神经元数量，MLP 能够学习并表示更复杂的函数。但对于大规模的数据集和高维度的特征空间，MLP 的训练可能会变得复杂且耗时。

4. XGBoost 分类器

XGBoost 也是一种集成学习算法，与随机森林模型的并行训练不同，它通过串行训练多个决策树模型，并逐步改进每棵树，以提高整体模型的性能。XGBoost 分类器使用决策树作为基本的学习器，将树串行放置，每一棵树都在之前树的预测结果的基础上进行拟合。XGBoost 的损失函数包括对模型预测错误的惩罚项，每一次迭代都尝试修正前一次迭代模型的错误。可以使用正则化策略，如剪枝和叶子节点分裂过程中的最小损失减少来防止过拟合，从而提高模型的泛化能力。XGBoost 具有优秀的性能和扩展性，可用于处理大型数据集。但模型参数较多，对参数的选择比较敏感，需要多轮参数调优。

9.6　实　证　研　究

9.6.1　数据收集与预处理

实证研究的数据来源是 Scopus 学术数据库，通过检索式 AFFILCOUNTRY (China) AND LANGUAGE (English) 发现所属国家为中国且语言为英文的文献共 800 余万篇，其绝大多数文献的发表时间在 2000 年之后。考虑到实验的时间和算力成本，本研究选择以中国人民大学发表的文献数据集为例，进行跨学科研究主题推荐研究。中国人民大学致力于建设主干的人文社会科学学科和精干的理工科，具有一定的跨学科研究基础。利用检索式 AF-ID ("Renmin University of China" 60014402) AND LANGUAGE (English) AND PUBYEAR > 2000，检索得到 21 166 篇检索结果。Scopus 检索网站带有数据导出功能，由于每次只能导出前 20 000 条文献数据，因此利用 PUBYEAR 年份检索字段分两次导出所有数据。

Scopus 文献数据集中包含多种字段，"作者""Author full names""作者 ID"字段分别包括作者姓名缩写、姓名全称和 Scopus 数据库为作者分配的唯一 ID 标识。"归属机构""带归属机构的作者"两个字段分别包含一篇文献的所有归属机构，以及作者姓名缩写与归属机构的对应关系。"文献标题""摘要""作者关键字"字段包含文献的相关内容信息，"年份"代表文献的出版时间，"EID"是文献在 Scopus 数据库中的唯一标识，此外"DOI"也可以作为区分文献的标识。

在下载原始文献数据集后，首先对数据进行清洗，直接去除重复数据，去除作者项和作者关键字项完全缺失的数据，剩余数据 15 487 条。接着是对构建异构网络的相关数据进行抽取。对于构成学者 - 文献 - 主题异构网络的三类节点，以及它们之间的连边，分别进行了如下操作。对于学者节点，包括作者和机构信息抽取，作者机构标准化，作者所在学科标识。对于文献节点，抽取了数据集中的"文献标题"和"摘要"字段。对于主题节点，根据 9.4.2 节的论述，选择"作者关键字"作为主题，预处理包括关键字标准化和主题跨学科标识。

1. 作者及其机构信息抽取

从 Scopus 数据库导出的英文文献数据中的"带归属机构的作者"字段，通过正则表达式切分字符串可以获取作者姓名缩写和所在的机构全称，我们选择所有机构名称中含有"Renmin University of China"的作者。中国学者的姓名缩写一般形式为姓的拼音和名的拼音首字母，如 Han Y.，存在大量同姓不同名的情况，因此需要将缩写与姓名全称和 ID 对应上。最后共得到 7876 名具有唯一标识的学者。

2. 作者机构标准化

数据集中的作者对应机构全称以作者的通讯地址形式存在，如"School of Applied Economics, Renmin University of China, No.59, Zhongguancun Street, Beijing, 100872, China"。首先去除单位中存在中国人民大学字样但实际是附属机构或相关机构的情况，如中国人民大学附属中学等。其次，由于通讯地址中存在多级单位，因此需要对具有学科属性的机构名进行抽取和标准化处理。在高校中，我们认为学者的机构为学者所在的院系。观察通讯地址的形式可以看到，院系信息一般位于学校名称之前，因此截取在学校名称之前的信息，并利用"School""Department""Center""Institution""Laboratory"作为标识提取院系信息。此外，我们还在中国人民大学官网采集了基础的院系信息，提取了院系名称中的关键词，以对学者机构进行进一步的标准化处理。

3. 作者所在学科标识

将学者机构所属的一级学科作为学者的学科属性。通过对中国人民大学官网信息的采集和整理，以国务院学位委员会和教育部颁布的《研究生教育学科专业目录（2022 年）》为参照，得到中国人民大学一级学科和院系设置对应表，如表 9-3 所示。多数学者的机构名称为其所在学院名，对于存在多个一级学科的学院，当学者所属机构中具体到系时，根据系名表示所在学科。当学者所在机构只标注学院时，将其按照学者占比最大的一级学科划分。例如，历史学院有包括中国史、世界史、考古学在内的 3 个一级学科，部分历史学院的学者机构中明确标注了考古系，则将其划分到考古学，若只标注历史学院，则将其划分至中国史学科。一些学院具有明确的学科划分，如理学院的物理系、化学系、心理系，则直接将其与一级学科对应。部分学者所在机构仅包括中国人民大学，无法进行学科标识。最后，共为 7301 位学者（92.7%）标识学科。

表 9-3　中国人民大学院系与一级学科映射表（节选）

院系名称（中文）	院系名称（英文）	一级学科
财政金融学院	School of Finance	应用经济学
商学院	School of Business	工商管理
法学院	Law School	法学
信息学院、高瓴人工智能学院	School of Information；Gaoling School of Artificial Intelligence	计算机科学与技术

续表

院系名称（中文）	院系名称（英文）	一级学科
新闻学院	School of Journalism and Communication	新闻传播学
哲学院	School of Philosophy	哲学
环境学院	School of Environment and Natural Resources	环境科学与工程
社会与人口学院	School of Sociology and Population Studies	社会学
马克思主义学院	School of Marxism Studies	马克思主义理论
公共管理学院	School of Public Administration and Policy	公共管理学
信息资源管理学院	School of Information Resource Management	信息资源管理
教育学院	School of Education	教育学
经济学院	School of Economics	理论经济学
农业与农村发展学院	School of Agricultural Economics and Rural Development	农林经济管理
数学学院	School of Mathematics	数学
外国语学院	School of Foreign Languages	外国语言文学
物理系	Department of Physics	物理学
心理系	Department of Psychology	心理学
化学系	Department of Chemistry	化学

4. 主题节点预处理

对于文献数据集中"作者关键字"字段提取的关键字集合进行标准化操作，初始的关键词集合中包含 44 633 个关键词。第一步是将全部单词转为字母小写的形式，第二步是词形还原，将名词的复数形式转为单数形式，第三步是去掉标点符号。经过以上操作，最终得到 38 542 个主题词。

主题词通过文献与学者形成联系，即学者曾在发表的文献中以该主题词作为关键字。基于学者所属学科以及主题与学者之间的联系，可以获得每个关键词所有对应的学科。要构建主题与学科的关系，即分析主题对各学科的跨学科价值。构建主题与学科的 0-1 矩阵，值为 0 表示主题与学科不是跨学科推荐关系，值为 1 表示主题与学科是跨学科推荐关系。当一个主题只对应单一学科时，将其他学科与该主题的对应值标为 1，当主题对应多个学科时，计算每个学科的占比，低于平均占比的学科，与该主题对应值标为 1，其他标为 0。

9.6.2　异构信息网络构建

经过数据预处理，我们得到了学者—文献—主题异构网络的所有节点，节点之间存在两种类型的关系，学者与文献的关系和文献与主题的关系。异构网络的具体构建过程如下：每一条文献数据对应一个文献节点，文献的所有作者与文献之间存在写作和发表的关系，在文献节点与代表这些作者的学者节点之间添加一条连边。文献与文献的主题之间存在概括与总结的关系，在该文献节点与代表这些主题的主题节点之间添加一条连边。遍历所有文献后，得到最终的异构网络。

如表 9-4 所示，该异构网络包括学者节点 7876 个、文献节点 14 518 个、主题节点 38 542 个，学者与文献节点之间的边共 37 374 条，文献与主题节点之间的边共 66 131 条。如图 9-6 所示，我们使用网络结构可视化软件 Gephi 为学者—文献—主题异构网络进行可视化展示，其中，蓝色节点代表学者，红色节点代表文献，绿色节点代表主题。

表 9-4　学者—文献—主题异构网络构成

节　点	数　量	边	数　量
学者	7876	学者—文献	37 374
文献	14 518	文献—主题	66 131
主题	38 542		
总计	60 936	总计	103 505

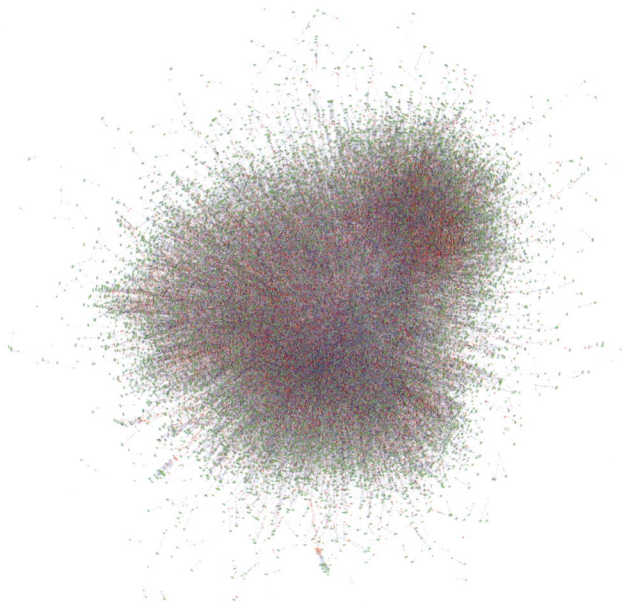

图 9-6　学者—文献—主题异构网络图

　　为展示学者—文献—主题异构网络中节点的具体信息，本章根据节点出入度排序分别列举了 3 种类型的部分节点。表 9-5 展示了学者节点中出度排名前 20 的节点 ID 和标签（学者姓名）。例如，节点 ID 为 a3053 的学者 Du X. 在异构网络中的出度为 204，即在本章的数据集中该学者发表了 204 篇文献。表 9-6 展示了文献节点中出度排名前 20 的节点信息，节点标签为文献标题，节点出度表示该文献对应的主题数量。表 9-7 展示了主题节点中按入度排列的前 20 个，节点标签显示为主题词，节点入度表示研究该主题的文献数量，对应文献数量最高的主题词为 China，其次是 COVID19。

表 9-5　出度 Top20 学者节点相关信息

节 点 类 型	节 点 ID	节 点 标 签	出　　　度
学者	a3053	Du X.	204
学者	a880	Wen J.-R.	179
学者	a3983	Li D.Y.	177
学者	a3008	Chen H.	141
学者	a2818	Zhang G.M.	130
学者	a366	Xu W.	120
学者	a467	Meng X.F.	115
学者	a305	Lei L.	113
学者	a127	Zhang J.P.	110
学者	a753	Qin B.	99
学者	a918	Wang Y.	90
学者	a2346	Li X.	90
学者	a669	Ji W.	88
学者	a2143	Zhao W.X	88
学者	a343	Tian M.	85
学者	a4158	Li C.	85
学者	a5472	Wang S.	83
学者	a187	Zheng X.	80
学者	a6159	Jin Q.	80
学者	a201	Mu T.	78

表 9-6　出度 Top20 文献节点相关信息

节点类型	节点 ID	节　点　标　签	出度
文献	p3411	The Impact of the COVID-19 Infodemic on Depression and Sleep Disorders: Focusing on Uncertainty Reduction Strategies and Level of Interpretation Theory	18
文献	p4530	Business Continuity Innovation in Disruption Time: Sociotechnical Systems, Business Analytics, Virtual Business, and Mediating Role of Knowledge Absorptive Capacity	15
文献	p4294	Social media and emotional burnout regulation during the COVID-19 Pandemic: Multilevel approach	14
文献	p13306	A personalized information recommendation system for R&D project opportunity finding in big data contexts	14
文献	p11510	Compressed data direct computing for Chinese dataset on DCU	13
文献	p329	Generativity of enterprise IT? infrastructure for? digital innovation	12
文献	p839	A history of traditional Chinese military science	12
文献	p1663	How Smart Shall We Be? Optimal Distinctiveness of Digitalization and Innovation Performance	12
文献	p1964	Multi-arm covariate-adaptive randomization	12
文献	p3249	Modeling the Proposal of the Simultaneous Purchases and Sales of Electricity and Gas for the Energy Market in a Microgrid Using the Harmony Search Algorithm	12
文献	p4553	Reliable Traffic Monitoring Mechanisms Based on Blockchain in Vehicular Networks	12
文献	p4956	Intergroup contact, COVID-19 news consumption, and the moderating role of digital media trust on prejudice toward asians in the United States: Cross-sectional study	12
文献	p5751	A microstructure study of circuit breakers in the Chinese stock markets	12
文献	p6925	Higher Education Research in China: An Independent Academic Field Under the State	12
文献	p9674	Probabilistic sensitivity analysis of a laser peening fatigue life enhancement process Rural people's perception of income adequacy in China	12
文献	p9799	Technology, factor endowments, and China's agricultural foreign trade: A neoclassical approach	12
文献	p10985	Context-aware Multi-level Question Embedding Fusion for visual question answering	12
文献	p11359	Local-Global Contrast for Learning Voice-Face Representations	12
文献	p11450	RMVPE: A Robust Model for Vocal Pitch Estimation in Polyphonic Music	12
文献	p11489	Iterative Learning Control for Linear Systems with Random Actuator Faults	12

表 9-7　入度 **Top20** 主题节点相关信息

节点类型	节点 ID	节 点 标 签	入度
主题	t20	China	1101
主题	t159	covid19	154
主题	t875	deep learning	125
主题	t128	social network	97
主题	t92	machine learning	90
主题	t564	adolescent	81
主题	t21	economic growth	69
主题	t698	depression	69
主题	t144	climate change	67
主题	t27548	wireless sensor network	67
主题	t1309	trust	66
主题	t421	meta analysis	58
主题	t1594	social medium	58
主题	t1390	gender	57
主题	t1756	neural network	55
主题	t3180	innovation	53
主题	t8269	recommender system	52
主题	t461	urbanization	49
主题	t1879	big data	49
主题	t2899	rural china	48

9.6.3　评价指标

本章选择准确率（Precision）、召回率（Recall）和 F1 值 3 个机器学习常用评价指标来衡量模型的效果。

1. Precision

Precision 用于衡量模型在预测结果中的准确性，它表示模型所预测的正例中有多少是真正的正例，计算公式如下：计算的是真正例（TP）在所有模型预测为正例的样本中的占比（TP+FP）。Precision 的取值范围为 0~1，数值越高，表示模型预测为正例的准确性越高。Precision 的值反映了模型预测结果的可信度和准确性，较高的 Precision 意味着模型的误判率较低，其预测结果更可靠。

$$Precision = \frac{TP}{TP + FP}$$

2. Recall

Recall 用于表示模型识别出的真实正例数量与数据集中所有正例的比例，计算公式如下，即模型正确预测为正例（TP）在所有实际正例中的占比。Recall 的取值范围为 0~1，数值越高，表示模型能够识别出越多的真实正例。Recall 的值反映了模型对于正例样本的覆盖率和识别能力。

$$Recall = \frac{TP}{TP + FN}$$

3. F1 值

F1 值是综合考虑 Precision 和 Recall 的一个指标，它是二者的调和平均数。F1 值旨在平衡 Precision 和 Recall 之间的权衡关系，并提供了一个单一的度量来评估模型的整体性能。计算公式如下：当 Precision 和 Recall 都很高时，F1 值也会很高，表明模型在预测正例时具有较高的准确性和覆盖率。

$$F1 = \frac{2 \times Precision \times Recall}{Precision + Recall}$$

9.6.4　实验过程

为学者—文献—主题异构网络中的节点构建两种类型的特征。第一种特征是内容特征。首先要构建节点的内容文本，将文献的标题和摘要文本直接拼接作为文献节点的内容文本。对于学者节点而言，选择作者发表每篇文章的摘要和标题作为内容文本。对于主题节点，选择该主题出现的每篇文章摘要作为内容文本。接着，引入 Longformer 模型生成文本的嵌入向量，预训练模型使用 Longformer-base-4096，能够容纳的最大文本长度为 4096 个词，将模型最后一层经过平均池化的向量作为文本嵌入。第二种特征是异构网络结构特征，应用 DeepWalk 算法，经过随机采样和 Skip-Gram 生成嵌入向量。其中，随机采样序列最大长度设为 30，共采样 10 轮，Skip-Gram 的窗口大小设置为 5，输出 128 维向量。共进行 3 组实验，分别将节点内容特征、异构结构特征，以及两种特征组合输入跨学科主题推荐模型，比较模型的效果。

在训练集和测试集的划分上，考虑到文献数据具有时间属性，学者的历史研究经历对将来的跨学科主题选择具有影响。因此，相较于使用所有数据构建异构网络在其中随机划分训练集和测试集的做法，本章选择利用时间节点划分训练集与测试集。经过对数据量的比较，选择 2023 年作为划分节点，使用 2023 年之前文献数据构建的异构网络作为训练集，将 2023 年及 2024 年的数据所构建的异构网络作为测试集。2023 年前后样本的比例约为 4∶1。

由于在图结构中正负样本比例极不均衡，因此需要对负样本进行采样。在异构图神经网络表示学习中，正样本指网络中现有的连边所对应的两个节点组合，负样本指所有可能的连边但在现有网络中并没有出现的节点组合。在分类器中，正样本指具有跨学科研究关系的一组学者节点和主题节点，负样本指没有产生跨学科研究关系的一组学者节点和主题节点。本章的负采样使用三元组节点对的方式，即对于每个正样本，将源节点作为中心节点，为中心节点随机采样负样本，这个负样本的被采样概率与它出现的频率有关。3 个节点组成节点对，代表一组正负样本。

基于异构图神经网络的跨学科选题预测利用 Pytorch1.12.1 深度学习框架实现。首先根据训练集和测试集分别构造异构信息网络，将网络多种类型的节点和边形成结构化数据存储，然后在异构网络上随机游走生成节点序列，输入 Skip-Gram 模型中获得结构特征嵌入，利用 Longformer 为生成内容特征嵌入，使用 BiLSTM 将节点的不同类型特征进行深度融合，生成统一的节点嵌入，共 128 维向量。在消息传递环节，使用带重启机制的随机游走为节点生成邻居列表，设定最大游走序列长度为 100，根据学者、文献、主题 3 种节点的比例设定每种节点的数量为 16、33、51，以保证每种节点都会被游走到。在邻居列表中，选择频率排名靠前的邻居作为消息传递的来源，分别为 4、8、12。对于每个中心节点，在收到邻居传递信息后，使用 BiLSTM 模型整合相同类型邻居的特征，再经过单头的 Attention 模块聚合不同类型邻居的特征，最后得到每个节点的嵌入向量。根据节点嵌入向量计算节点内积来重构网络，使用交叉熵损失函数计算三元组节点对的损失。优化器使用 Adam optimizer，迭代次数为 50 次。在通过上述步骤得到节点嵌入后，输入逻辑回归、随机森林、多层感知机、XGBoost 四种分类器进行训练。

9.6.5　实验结果与分析

使用 Precision、Recall、F1 值作为评价指标，分别将单独的随机游走结构特征、内容特征输入异构图神经网络 HetGNN 模型进行学习，再将结构特征与内容特征同时输入模型学习，最后得到表 9-8 所示的实验结果。从特征融合上看，同时将异构网络结构特征和研究内容特征输入异构图神经网络进行学习，相较于输入单独的结构特征或内容特征，在多数分类器上取得了更好的综合效果（F1 值）。在逻辑回归分类器上，F1 值分别提升了 0.6% 和 1.6%；在随机森林分类器上，F1 值分别提升了 4.8% 和 0.4%；在 XGBoost 分类器上，F1 值分别提升了 6.3% 和 0.1%。比较两种特征的 F1 值，发现研究内容特征推荐模型的 F1 值相对更高，在多层感知机分类器中加入异构网络结构特征后，没有为推荐效果带来进一步的提升。此外，通过两种特征之间的对比可以发现，异构网络结构特征通常在 Precision 上取得了更好的效果，而研究内容特征通常在 Recall 上取得了更好的表现。例如，在逻辑回归、随机森林、XGBoost 分类器上，异构网络结构特征的推荐模型中，Precision 值较使用研究内容特征的推荐模型更高，在随机森林、多层感知机、XGBoost 模型上，后者的 Recall 值更高。而在同时将两组特征输入推荐模型后，通过异构图神经网络的特征融合机制，Precision 和 Recall 得到了综合提升，由此带来 F1 值的增加。

表 9-8　实验结果

| | | 异构图神经网络 HetGNN | | | |
		逻辑回归	随机森林	多层感知机	**XGBoost**
异构网络结构特征	Precision	0.597	0.753	0.674	0.772
	Recall	0.590	0.516	0.397	0.467
	F1	0.594	0.612	0.500	0.582
研究内容特征	Precision	0.580	0.729	0.724	0.747
	Recall	0.587	0.596	0.540	0.566
	F1	0.584	0.656	**0.619**	0.644
异构网络结构特征 + 研究内容特征	Precision	0.617	0.802	0.754	0.780
	Recall	0.584	0.562	0.452	0.551
	F1	**0.600**	**0.660**	0.565	**0.645**

实验结果表明，节点的研究内容特征和异构网络结构特征都对跨学科主题推荐有积极价值。节点的研究内容语义特征来源于对应的标题和摘要文本，不仅包括节点本身的概念和上下文的语义，还包括更深入的研究问题和研究背景。网络中的节点通过边相互连接并交换信息，揭示了知识的连接和传递。起初，每个节点都有自己的语义特征和研究上下文。在消息传递过程中，节点从其相邻节点和多阶邻居收集语义特征和研究上下文，使得每个节点存在更多的内容联系，而这种联系使得相关节点产生关系的可能性增大，也就是说，研究内容特征能够很好地提升主题推荐效果。异构网络的结构特征来源于从中心节点开始的随机游走序

列，是对节点所处的局部结构的表征。经过词袋模型嵌入得到的向量包含节点的合作关系、研究者或研究对象，以及相关领域内的多元实体，将节点扩展到一个更大的社群中。也就是说，异构结构特征在一定程度上揭示了学者的历史偏好和研究模式，在进行推荐时有利于进一步匹配关联更近的主题。

9.7 本章小结

本章针对跨学科学者研究选题预测问题，提出了一种基于异构图神经网络的预测框架，并利用中国人民大学文献数据集进行了实证研究。鉴于现有研究中学术信息推荐多关注学者、引文或期刊、会议等学术实体的推荐，而研究主题推荐也主要集中于热点主题推荐或全学科主题推荐，而较少考虑跨学科主题的推荐，越来越多的学者关注跨学科研究问题，因此，对跨学科主题推荐的深度研究不可或缺。本章提出了一种发现学者跨学科主题关系的方法，根据学者机构与一级学科的对应关系为学者划分所属学科，并利用主题的研究学者集来标识主题与学者的跨学科关系。由于包含学者和主题的学术信息网络具有天然的异构结构，因此将异构图神经网络方法引入跨学科研究主题推荐。首先，本章提出用标准化的作者定义关键字作为研究主题，构建了学者—文献—主题三部图的异构信息网络，利用图结构展示学者与主题之间基于文献发表的联系。接着，构建了基于异构图神经网络的推荐模型，并考虑了各节点的研究内容特征和异构结构特征。通过特征融合，这个推荐模型能够学习更多元的特征，有利于推荐效果的提升。另外，本章使用了逻辑回归、随机森林、多层感知机和 XGBoost 四种分类器，在不同的特征输入下，找到了最合适的推荐模型。本章主要的研究贡献如下。

（1）提出了一种学者与主题之间跨学科关系的标识方法。抽取学者所属院系信息，并根据院系所对应的一级学科将学者划分到相应的一级学科中。其中，在学科目录体系方面，依据国务院学位委员会和教育部联合制定的《研究生教育学科专业目录（2022 年）》中的一级学科体系，而非 Web of Science 以及 Scopus 等数据库所遵循的国际学科目录体系，强调从中国学科目录视域探索我国自主知识体系下的学者跨学科研究主题推荐。

（2）将异构图神经网络学习方法引入学术主题推荐研究，并验证了其有效性。作为一种能够表示多种类型实体和关系的结构，异构图在融合多维信息、探索网络结构等方面有显著优势。利用异构图结构表示学者—文献—主题的网络有利于汇集学者、文献、主题的信息和特征。通过基于自编码的无监督学习，异构图神经网络的结构能够挖掘实体间的深层联系，获得学者和主题的嵌入。

（3）分别利用 Longformer 和随机游走方法构建了节点的内容特征和异构结构特征，并放入异构图神经网络模型进行学习。实证研究结果显示，同时使用内容特征和异构结构特征时，推荐模型的综合性能（F1 值）能达到相对更佳的效果，其中，随机森林模型分别提升了 0.4% 和 4.8%。